HEART
心|視野

HEART

心|視野

THE CAMINO WAY

LESSONS IN LEADERSHIP FROM A WALK ACROSS SPAIN

一個領導者的朝聖之路

步行跨越西班牙30天，學會受用30年的處事哲學，
突破逆境，邁向目標

維克多．普林思 Victor Prince——著　葉織茵、林麗雪——譯

目錄

Contents

Part 3

活用聖雅各之路的精神

Part 3

Part 4

分享聖雅各之路

目錄 Contents

各界讚譽

「讀完這本書，方知人生的種種考驗，其實都是上蒼賜予我們的禮物。除了把握當下，更要欣然接受各種挑戰。用心覺受一切，如飲甘霖。」

——鄭緯筌，臺灣電子商務創業聯誼會（TeSA）共同創辦人、內容駭客網站創辦人

「聖雅各之路催生出大量相關書籍與部落格文章，而維克多．普林思見解新穎，從一群朝聖者構成的橫斷面切入，集結各式各樣的省思，然後從中提煉出智慧，來為我們上幾堂領導課。」

——約翰．布萊爾利（John Brierley），《一個朝聖者的聖雅各之路指南》（*A Pilgrim's Guide to the Camino De Santiago*）作者

「在《一個領導者的朝聖之路》中，維克多分享他在一段精采非凡的經驗中學到的教訓，幫助其他領導人改善每天的工作。我強烈推薦這本書！」

——羅伯．賀保（Robert J. Herbold），微軟公司營運長（已退休）

「就一本領導書而言，一條穿越西班牙的千年步道是特別有趣的設定。不論你是想在工作上或生活中，成為一個更好的領導人，這都是一本充滿寶貴經驗的優異讀物。」

——伊桑．博斯坦（Ethan Bernstein），哈佛商學院（Harvard Business School）領導力與組織行為課程助理教授

「我大概永遠也不會去走聖雅各之路，但讀完這本書後，我覺得自己彷彿已經走過了。多麼新奇有趣的領導課啊！我非常推薦這本書。」

——大衛．連哈特（David K. Lenhardt），PetSmart 前總裁與執行長

「普林思藉由讓你間接和他一起上路的機會，吸引你投入聖雅各朝聖之旅——只談經

驗，不談水泡！這本有趣的書結合了旅遊指南，以及關於在家庭中、在職場上如何成功的一系列寶貴課程。」

——丹・湯赫林尼（Dan Tangherlini），
美國總務署（U.S. General Services Administration）前署長

「身為領導人，我們必須確保自己永遠別忘了我們仰賴的人，包括團隊、員工、家庭、朋友……以及村民。《一個領導者的朝聖之路》提醒我們，我們各自走在不同的旅途上，但每一段關係都很重要。」

——麗莎・巴金漢（Lisa M. Buckingham），
林肯金融集團（Lincoln Financial Group）人資長

「本書提供普世的人生哲理與領導祕訣，讀完後，我無法判斷自己想先做哪一件事：是要把這本書分享給高階團隊，還是要買張機票展開我自己的朝聖之旅？」

——史考特・庫布里（Scott Kubly），

西雅圖交通部（Seattle Department of Transportation）部長

「雖然扎根於歷史，卻與當代生活息息相關。維克多．普林思的書引領讀者踏上洞察世事的旅程，可以為我們所有的日常經驗增加價值。」

——蘇桑．塔格（Suzanne Tager），貝恩策略顧問公司零售暨消費品業務資深總監

「大多數人在床邊擺上兩堆書：他們為工作而讀的書，以及他們為樂趣而讀的書。而本書是今年你唯一能擺進任一堆裡的書。」

——保羅．史密（Paul Smith），《領導銷售都靠故事》（*Lead with a Story and Sell with a Story*）作者

「本書帶你踏上一段你永遠難忘的旅程。本書不但藉著傑出的說故事技巧引人入勝，而且飽含豐富的人生哲理與領導祕訣。這是維克多．普林思的另一本傑作！」

——布莉姬．雅欣（Brigette Hyacinth），

加勒比海MBA機構（MBA Caribbean Organisation）創辦人兼董事

「維克多·普林思走過聖雅各之路後，不僅把寶貴的道理和見解分享給我們，還向前更邁進一步，透過他的旅程引導我們，將新思維應用在我們人生中最有意義的層面上。在這麼做的過程中，我們變成更好的領導人、更好的父母，也變成更好的人。」

——莎莉·塔桑妮（Sally Tassani），策略論壇（The Strategy Forums）主席

「讓維克多·普林思當你的嚮導，一起呼吸這極其迷人又富含哲理的新鮮空氣。在徒步之旅的框架下，普林斯對其中暗藏的領導哲理洞察入微，從活在每一個當下的威力，到學習向他人求助和向前人致敬，無所不包。如果你的旅行計畫沒把聖雅各之路算在內，那麼在這段早已被捧上天的徒步之旅中，本書將盡可能帶你接近其中那股改變人生的力量。這就像一堂專為靈魂開設的MBA課程。」

——司柯特·莫茨（Scott Mautz），《找到你的火炬》（*Find the Fire*）作者

推薦序

本書打通你領導思維的任督二脈

——徐正宗，臺灣金融研訓院二〇一八年菁英講座、
中華人事主管協會資深講師、
中國人才研究會金融人才專業委員會資深諮詢顧問

你是領導者嗎？你想成為一位好領導者嗎？還是你正在苦尋成為好領導者的路上彷徨無助呢？如果答案是「是」的話，那這本書會讓你快速找到捷徑。

若你想在成就領導藝術的路途上找到指引，本書絕對是首選。作者維克多．普林思曾任職於顧問公司與美國政府部門的資深高階主管，他用平易近人的語法，敘述他挑戰徒步八百公里的舉世聞名的聖雅各之路（Camino de Santiago）的過程，於步行跨越西班牙三十天後，體會出領導者應該具有的的處事哲學，在每天行程中的見聞與領悟，不僅讓這趟朝聖之旅帶給他心靈的啟發，更扭轉了他過往的領導思維，他感嘆如果早幾年懂得這些處事哲學，就能

在生活或工作上採取更適當的策略與行動。

讓他徹底改變的是這三十天的見聞相對應在朝聖護照背面的七條「聖雅各之路的精神」。這些文字平凡，卻蘊含著深刻的人生智慧，不僅幫他順利走完朝聖之路，也讓他未來的人生與工作更順遂。他用旅途中所見所聞為經，個人所經歷與體會的領導哲學為緯，將他於過去職場中所經歷的領導事件與聖雅各之路上所遇不同國籍、不同背景之朝聖者的看法，用「分享」與「聖雅各之路的領導課」後註的方式，將「聖雅各之路的精神」，逐條做簡明扼要的解說。

作者以足為眼，透過徒步朝聖旅程之見聞，引導我們將他畢生所體會的領導思維，用淺顯易懂的敘述，讓我們能應用在人生中最有意義的層面上，如此讓我們變成更好的領導人。

當我看完此書時，個人感覺真的是心有戚戚焉，也因此深深體會過往所看過許多名人說過與本書作者雷同的概念，例如：

- 日本東工大學教授森政弘：「最優秀的老師是，能給學生的心，點上一把火的人。」
- 英國前首相邱吉爾：「如果你對每隻向你吠的狗，都停下來扔石頭，你永遠到不了目的地。」

- 美國有一間教堂的牆上，刻著這麼一段話：「你在這世界上是獨一無二的，你以前是什麼樣的人，是上帝送給你的禮物；你以後是什麼樣的人，卻是你送給上帝的禮物。」
- 臺灣繪本作家幾米：「每一個你討厭的現在，都有一個不夠努力的曾經。」

個人於退休後應邀至各機構分享領導統御、策略性思考、變革管理、人才管理、財務分析、人力資源管理等相關課題多年，所得之心得為，要成為一位好領導者或好管理者，應具備兩種能力，一是，所謂的硬實力：知識、技術及能力等；二是，軟實力：人際關係、壓力管理、情緒管理、策略性思考及溝通技巧等。然而硬實力易學而軟實力難培養。

本書是一本談論領導與管理的指南書籍，擁有它，將協助你快速打通你領導思維的任督二脈，你的「軟實力」將輕易的增加一甲子的功力。

推薦序

用重複的力量，走完百里之路

——胡碩勻，圓夢會計師、《重複的力量》作者、臺灣創速合夥人

當出版社請我為本書推薦時，剛開始我檢視自己，沒有走過聖雅各之路，也沒有挑戰過數百公里的路程，該如何為此書推薦呢！然而，當我看完《一個領導者的朝聖之路》，便發現作者維克多．普林思走完八百公里路程的心法跟我在《重複的力量》的方法有些相似。

普林思說要發想一幅心智圖像，「營造未來的前景」，想像經過十年後，你的團隊會變成什麼樣子。而《重複的力量》的第一步驟就是寫下願景單。

普林思說徒步八百公里的聖雅各之路，光看到數字就很嚇人，他建議把這個龐大的目標分解的更小，並在每一個小階段小小的慶祝一下。這跟我書中「設定目標數量、階段目標以及階段獎勵」概念不謀而合。

我很喜歡在假日到有瀑布的森林走走，想想我們是如何走到終點的？重複的力量是關鍵。沒有重複抬腳往前放下千百步，怎能如願看到心裡所想的瀑布。雖然重複抬腳，小腿會痠，心裡會悶，但很容易就走到終點，而因應對策就藏在森林浴的巧妙設計中。

1. **明確目標**：終點的瀑布就好比重複計數法的第一步「願景單」，明確的目標讓我知道該往哪裡去，讓人有持續前進的動機。
2. **目標計數**：森林步道中的里程立牌標示著到終點的瀑布總共幾公尺，沿途中也不時會出現剩餘多遠。這些明確的數字，消除我們對遙遙無期的不確定感，讓我們有前進的動力。當我們有訂定目標數量，會更容易持續做下去，就不會盲目、不會無的漫駛。
3. **階段目標、階段獎勵**：中繼站是我們的階段目標，到第一座眺望亭只要八百公尺，不到全程的三分之一，中繼站的美景、點心、快樂閒聊，甚至是到小販購物，都是一種獎勵的行為，繼續往前的燃料。階段目標加上階段獎勵，心裡會輕鬆許多，不會覺得登天難，進而逐站完成，到達終點。

同樣地，把龐大數量的計畫，分成好幾個階段目標數量，並在各階段目標設定小小獎勵，看似艱鉅的目標將變得很容易很有趣。不論是登百岳、自行車環島，或是用在工作上，皆可試著實施「階段目標、階段獎勵」的好處。

推薦序

每個人生，都是一場朝聖之路

——褚士瑩，國際NGO工作者

自從謝哲青出了《因為尋找，所以看見：一個人的朝聖之旅》之後，身邊不時聽到朋友走上這條十一世紀以來的天主教朝聖之路。聖雅各之路的終點，雖然通向西班牙康波斯特拉（Compostelle）的聖徒雅各（Saint-Jacques）的陵墓，但出發點不只一個，也不只有一條路線可以到達，沒有固定時間的限制，任何人、任何時候都可以出發，無論有沒有完成，也隨時可以中止，等待未來分段繼續進行。

有趣的是，會決定踏上這條路的人，都是為了自己，但真的上路以後，往往對世界、對他人有了更多深刻的覺察，才發現自己並沒有想像中的重要，甚至發現根本不算認識自己。

這一切，都跟人生如此類似。

每個人的一生，其實都是一條聖雅各之路。

明明走在同一條路上，我們卻都有不同的體驗，看到不同的風景，面對著不同的真實。腳上起水泡感受著疼痛的，跟戴著耳機沉浸在自己世界裡的，就是兩個截然不同的版本。

資深高階經理人維克多．普林思在《一個領導者的朝聖之路》這本書中，說到他在啟程以前，是一個專注工作、競爭力強的人，原本只是為了暫停工作，給自己放個假而去聖雅各之路，所以用平常很有計畫、積極進取的思維，下載了很多電子書，打算好好利用每天八小時，連續一個月在上行走的兩百四十個鐘頭，同時獲取許多新知，一舉兩得，結果沒想到，步行跨越西班牙這三十天，普林思一次也沒戴過耳機，因為他不知不覺中，從對關注自己的習慣中脫離，開始關注周遭人事物，變成一個懂得關懷他人、活在當下的人，原本的一趟休假，卻扭轉了他的職涯與價值觀，脫胎換骨變成一個更心平氣和的人。

再看美國偵探小說家勞倫斯．卜洛克（Lawrence Block）在《八百萬種走法：一個小說家的步行人生》（*Step by Step: a pedestrian memoir*）這本書裡面提到的聖雅各之路，可能很難想像，這兩個人走的竟然是一模一樣的三十天西班牙路線！就像沒有任何兩個人的人生是一樣的，提醒我們就算是形影不離的雙胞胎，如果能夠拍下他們腦中的畫面，雙胞胎的每一天，也恐怕都會是兩部敘事角度跟風格完全不同的電影。

每年夏天，我會到法國勃根地省的莫爾旺高原地區去接受哲學訓練，那附近韋澤雷（Vezelay）小鎮上最有名的，除了玫瑰花瓣做成的冰淇淋，恐怕就是羅亞爾河畔拉沙里泰的隱修院教堂（Église prieurale Notre-Dame de La Charité-sur-Loire），那也是聖雅各之路最有名的「韋澤雷之路」（la voie de Vezelay）的路線起點，我記得有一天午後，走進辦公室，天真地問櫃臺後面的修女，我可不可以先領一本朝聖之路的蓋章小冊，規劃好之後明年再啟程，修女笑著說：

「等你要上路的那天，再來當場領吧！」

「妳的意思是當天再領？那我要怎麼事前規劃呢？」我很吃驚地說。

「沒什麼好準備的。只要你來的時候，就是準備好的時候。」

現在回想起來，那位修女說的不僅僅是朝聖之路，而是人生之路。

請問你的聖雅各之路，走得如何？

前言
朝聖之路教會我的事

「在邁向人生終點的半途中，我不知不覺在陰暗的森林裡誤入歧途，從此再也找不到正確的道路。」

——但丁（Dante）《地獄之旅》（*Inferno*）開場白

我往踏板踩了最後一腳，就讓腳踏車沿著河岸一路滑行到最遠的地方。停下車後，我的視線掠過多瑙河，定定望著對岸華美絕倫的匈牙利國會大廈。經過一個月，我列在「畢生願望清單」上的這條「騎腳踏車橫越歐洲之心」，總算大功告成。我覺得精疲力盡，圓滿無憾，卻也若有所失。

小時候，我給自己立定兩個人生目標：當上美國總統，以及去看看這個世界。看不出這兩個目標的相同之處，足以證明我其實沒有那麼天真。大約是在中西部度過童年，到去華盛頓特區念大學之前的那段日子，我才明白自己永遠也不可能當上總統。於是我決定在公職生涯上退而求其次，只要負責管理某個聯邦機構就好。我甚至在大學畢業前，就已經找到一份很棒的政府工作，年紀輕輕就老練地順著公職階梯往上爬。同事還用當時一部熱門影集的角色名字「杜奇」（Doogie）[1]，來給我起綽號。我和一些政府首長共事後才知道，他們往往是先在商場上取得成就，再轉戰官場，最後才站上巔峰。因此我離開公家機關，進入商學院，展開一段新職涯。雖然我從商以後發展順遂，但這份職業仍不足以激發我的熱情。幾年後，我又回去從事公職，在某大都市市長手下擔任部門主管，後來成為某聯邦政府部門的營運長。

這個職位比我大學時代的理想官階低一個層級，後來我才明白，那和我想要達到的成就其實相去不遠。畢竟自從我立定目標以後，聯邦政府已經大幅改制，所以我認為這項目標姑且算是完成了。

當時我正值四十五歲上下，覺得既滿足又不安。**如果你在退休前就已經達成職涯目標，接下來還能做什麼呢？**

於是我鎖定青少年時期的另一個目標——去看看這個世界。小時候過耶誕節時，爸媽曾經送過我一座地球儀，還有一只行李箱。雖然再過幾年後，科學家就會找到所謂的「流浪」基因，但我爸媽一定早就在我身上看出這種傾向。到了四十五歲左右，我已經遊歷過四大洲，接連在十座城市各住過一段時間。雖然外派工作給生活帶來許多不便，但我從來沒有為了搬家放棄職涯發展。

在那段日子裡，我迷上了長途自行車道的魅力，我認為那是體驗旅行的絕佳方式。我酷愛帶著目標旅行的概念，例如：從某個村莊到另一個村莊、穿越一整個州或一整個國家。我騎過很多自行車道，像是從美國賓州匹茲堡騎到華盛頓特區、從加拿大蒙特婁騎到魁北克城，或是沿著伊利運河（Erie Canal）橫越紐約州。雖然我完騎過不少長途自行車道，但只選擇滿足以下三個條件的路線：聽起來值得一遊、途中不必露營，而且利用一般休假時間就能完成。

不過，既然當時我有離職長假可以運用，就想挑戰費時超過一星期的車道，而多瑙河自

1 譯者注　為美國知名影集《天才小醫生》（*Doogie Howser, M.D.*）主人翁，是個年僅十四歲的少年醫生。

行車道恰恰能滿足我的條件。沿著多瑙河自行車道每天騎五十英里（約八十公里），我將能看見形形色色的歐洲風光，一路上還有不少方便住宿與用餐的地方。此外，因為這條路線傍河修建，所以地勢平坦，完美極了。

雖然如此，當我駐足欣賞布達佩斯的美景（按：指前述匈牙利國會大廈一帶），心中感受到的空虛卻比滿足更強烈。騎單車旅行的這一個月，是我有生以來最寂寞的一個月，每天晚上我都住在不同的村莊或城市，騎在車上飛馳時也不方便和任何人聊天。騎單車這種旅行方式，用來遊覽風景再好不過，卻不適合用來與人互動。

原本我是希望，趁著休長假，可以享受一點獨處時光。從開始工作到現在，我領導的團隊規模越來越大，離職前我還擔任營運長，負責帶領一個多達數百人的團隊。雖然我熱愛領導團隊、栽培人才，但經過了二十年，我需要一些獨處的時間，重新幫自己充充電。

因此我一離開布達佩斯回到家，就開始尋找另一條路線，最後決定，這次乾脆徒步健行，別再騎腳踏車，才能多多和別人互動。

但我驚訝地發現，全世界沒有幾條野外步道，可以讓你徒步走個三十天又不必露營。在這份清單上始終高居榜首的，就是橫貫西班牙的朝聖路線：聖雅各之路（Camino de

Santiago，又譯聖地牙哥之路）。長達一千多年以來，朝聖者[2]踏上這條古道，徒步數百英里到西班牙聖地牙哥康波斯特拉（Santiago de Compostela）的主教座堂，只為了一睹替聖雅各（St. James）[3]遺骨建造的聖殿。

像我這種**成果導向的A型人格者，特別適合挑戰這條古道**。每天晚上，我都要蓋個印章，來證明自己那天過得很成功，我認為只要蓋的印章夠多，最後就可以獲得一張證書。這樣的我，怎麼會到現在還沒征服聖雅各之路呢？這條古道多麼完美啊！

雖然從清單看起來，很明顯應該選聖雅各之路，但這條古道有宗教方面的淵源，讓我有一點猶豫。不過我略做研究之後發現，**聖雅各之路具不具有宗教意義，完全取決於徒步旅行者自己**。於是我大致拼湊出一套預定行程後，就把接下來一個月的必需品通通收進背包，接著就搭機飛往西班牙。

踏上聖雅各古道徒步的這三十天，成為我這輩子最精采的探險旅程。我不僅看見了期待

2 譯者注　英文為 pilgrim，西班牙文為 *peregrino*，作者在書中都使用，一律譯為「朝聖者」。

3 譯者注　耶穌門徒 Jacob 是猶太名，英文有聖雅各（St. Jacob）、聖詹姆斯（St. James）兩種譯法，本書一律譯為「聖雅各」。

中的優美景色、歷史人文和一流公司，更重要的，這趟旅行如何讓我大開眼界。

我的確得到一些領悟與啟發，**不過和許多朝聖者不一樣，這些啟發不只與「尋找自我」有關，而是和我在非假日做的事有關——在工作上領導他人**。

一直以來，我從工作中學到很多領導策略。在賓州大學華頓商學院（Wharton School）攻讀工商管理碩士時，我學到不少關於職場領導的理論與歷史；擔任顧問期間，我有更多機會和來自不同國家的各行各業領導人合作。當上高階主管後，我開始領導來自各種部門的員工，包括財政、設備、採購、人力資本、專案管理、資訊科技和客服中心。此外，就和大部分人一樣，我也有許多可以做為我榜樣的頂頭上司。

聖雅各古道宛如一座突如其來的嶄新實驗室，每一天都有新的挑戰等著我去克服，我可以在這裡培養領導統御的能力。一路上，我遇見數十個來自世界各地的徒步旅行者，並從他們的職涯中增長不少見識。

在這條古道上，我也有更多時間可以深入觀照自己，每個和其他徒步者交會的片刻之間，是一段又一段悠長的獨處時光。**往往我一回神才發覺，自己正在思索著多年以來在工作上的人際互動與種種決策，而且滿腦子都是但願我能重新來過的遺憾**。我開始設想，**如果我**

擁有今天在古道上學到的寶貴教訓，當初可能會採取什麼不同的行動。

回到家後，我把那些體悟記錄下來，並貼到我自己一個談策略與領導的部落格上。每一篇部落格文章談的內容，都是古道之旅的不同經驗如何提供我關於領導的新穎見解，或是從不同的角度加深我的既有見解。那些文章隨即在網路上瘋傳，並引起來自世界各地數千名讀者的回應，其中有些人已經擁有相似的體驗，有些人則渴望來一場像聖雅各之路一樣的冒險。此外，那些想用新方法來學習傳統管理紀律（management disciplines）的人，也對這些文字頗感共鳴。後來，讀者紛紛鼓勵我出書，正因他們熱情相挺，我才確信這本書肯定有一票讀者群。而且，正因完成聖雅各之路後獲得強大的自信，我才確信自己有足夠的能力，可以挑戰另一場嶄新的冒險——撰寫這本書。

Part 1

初會聖雅各之路

第1章

聖雅各之路的由來

西元九世紀上半葉，有一位名叫特奧多米羅（Teodomiro）的主教，他聽說西班牙西北部的一座山丘，偶爾會發出奇異的光芒與聲響，於是決定前往調查。主教登上山丘後發現，山裡有一塊地方建有三座墳塚，後來他宣稱，耶穌十二門徒之一聖雅各的遺骸，就埋在其中一座墳裡。[1] 根據聖雅各的傳說，耶穌派遣門徒前往世界各地傳播他們的新信仰，而聖雅各去的地方正是西班牙。聖雅各回到猶地亞（Judea）後，遭當地政權處死。

後來，同伴把聖雅各的遺體單獨放進小舟，再推入地中海。小舟隨著海水漂流，來到西班牙西北角沿海地帶，最後被浪潮沖刷上岸，上面滿滿覆蓋著扇貝。當地人發現小舟後，把遺體安葬在附近一座山丘上，而那個埋葬地點，就是過了大約八百年後，特奧多米羅主教宣稱他發現墳塚的地方。[2] 西班牙國王為了慶祝這項發現，下令在聖雅各之墓所在地興建一座小教堂。[3] 隨著發現遺址的消息傳開，世人也紛紛前來造訪這座聖殿。西元九五〇年，另一位名叫古德斯卡（Gotescalc）的主教，為了乞求上帝和聖雅各賜予憐憫與幫助，從法國的勒皮（LePuy）旅行了八百英里（約一千兩百八十七公里）來看這座聖殿，並成為文獻記錄中第一個造訪這座聖殿的朝聖者。[4]

朝聖路線的歷史發展

了解聖雅各古道出現之前，歐洲歷史上其他朝聖路線如何形成，就更能明白，在第一趟朝聖之旅後，聖雅各之路發展的過程。早在前羅馬帝國時期，藉由尋訪神聖場所來獲得精神慰藉的風俗，就已經存在。[5] 來自歐洲的朝聖者，大約從西元二或三世紀就開始踏上旅途，前往耶路撒冷或其他基督教歷史事件現場，也就是所謂的「聖地」（Holy Land）。[6] 到了西

1 作者注　Storrs, Constance Mary. *Jacobean Pilgrims From England to St. James of Compostela: From the Early Twelfth to the Late Fifteenth Century.* Confraternity of Saint James, 1998, pp. 32–33.

2 作者注　我喜歡美國教授瑪麗珍（Maryjane）對這段聖雅各遺骨軼聞的觀點，她說：「如果世人對聖雅各是誰，以及朝聖興起的原因一無所知，那他們不如去走阿帕拉契小徑（Appalachian Trail）。你不必『相信』朝聖一定有效，或聖雅各的遺骨真的在那裡，但看在老天份上，請你稍微想一想自己為什麼要去，還有別人為什麼要朝聖。」

3 作者注　Storrs, p. 33.

4 作者注　*The Pilgrimage to Compostela in the Middle Ages.* Edited by Maryjane Dunn and Linda Davidson. New York and London: Routledge, p. xxiv.

5 作者注　Webb, Diana. *Medieval European Pilgrimage, c. 700–c.1500.* New York: Palgrave, 2002, pp. 3–4.

6 作者注　Webb, p. 1.

元四世紀，邁上前往聖地的朝聖之旅，變得比較像是一種既定概念，《聖經》則成了關於朝聖路線的旅行指南。[7]

基督教的朝聖概念一經確立，到了西元八世紀，很快就出現另一個吸引朝聖者前往的目的地——羅馬。當時天主教會正在興起，而羅馬正是天主教會發展的中心，不僅處處是羅馬帝國留下的古蹟，本身也有值得造訪的宗教勝地，十分吸引遊客。大約在同一時期，天主教教會擴展到北歐，因此自然創造出一股人潮，往來於北歐與天主教的教廷之間。[8] 另外，除了羅馬本身深具吸引力，對歐洲朝聖者來說，這裡比聖地更容易抵達，不但距離近，而且也在基督教徒的控制範圍內。此外，過去為了將帝國領土連通到羅馬而興建了不少道路，這些舊有的交通路線多少也有一點幫助。

前往羅馬朝聖蔚為風尚後，連帶推廣了朝聖的概念。即使很少人親自踏上朝聖之旅，至少有更多人知道何謂「朝聖」（pilgrimage），而且歷史文獻也開始出現「朝聖者」（pilgrim）一詞。[9] 其中，義大利羅馬與法國圖爾（Tours）都名列朝聖目的地，據說當時的人相信，**透過朝聖之旅，可以讓自己的罪孽獲得寬恕**。[10] 此外，朝聖者的外表與眾不同，不論穿著或裝備都很特殊，旁人一眼就能看得出來。[11] 朝聖者的「品牌」於焉誕生。

除了朝聖者，西元八四六年，羅馬迎來一批不速之客，他們是一支來自阿拉伯的大型強盜集團，把整個羅馬城洗劫一空。[12] 當時，在南方的阿拉伯人經常北上襲擊羅馬，導致羅馬人心惶惶。[13] 因此把羅馬當作是朝聖的目的地也變得沒有那麼吸引人了。

特奧多米羅主教發現聖雅各墳塚遺址一事，大約是在西元八四二年前的某一個時間點傳了開來（下令在當地興建第一座教堂的西班牙國王，也在西元八四二年駕崩）。[14] 好巧不巧，這一切同時湊在一起了。正當朝聖觀念在歐洲形成，原本名滿天下的朝聖勝地羅馬正在

7 作者注　Webb, p. 3.
8 作者注　Webb, p. 11.
9 作者注　Webb, p. 12.
10 作者注　Webb, p. 12.
11 作者注　Webb, p. 12.
12 作者注　Kreutz, Barbara. *Before the Normans: Southern Italy in the Ninth and Tenth Centuries*. University of Pennsylvania Press 1996, Kindle version, location 821 of 5733.
13 作者注　Kreutz, location 816 of 5733.
14 作者注　Storrs, p. 33.

走下坡，再加上西班牙北部才剛擊退一批穆斯林，[15] 因此趁這個機會吸引基督徒絡繹不絕來往西班牙，大概也有助於嚇阻伊斯蘭教勢力。[16]

從為聖雅各遺骨建造的聖殿落成，到歷史記載第一趟前往聖殿的朝聖之旅（西元九五〇年由古德斯卡完成），這中間的一百年發生了許多重大的歷史事件。這段時間正是歐洲「維京時代」（Viking Age）的全盛期、中國率先在戰爭中使用火藥、馬雅帝國則在當時「無人知曉的」美洲面臨傾覆的命運。同時，在西班牙西北角，宗教領袖與皇家官員正極力宣傳，試圖將聖雅各遺骨所在地塑造成新的朝聖目的地。到了西元八九九年，聖殿附近蓋起一座更寬敞的教堂，取代了原本的小教堂。[17] 國王拉米羅一世（King Ramiro I）下令，要大家到這座位於聖地牙哥的教堂致敬。[18] 西元九〇六年，拉米羅一世之孫國王阿方索三世（King Alfonso III）去信給法國圖爾（亦為朝聖勝地）的神職人員，回答他們對新聖殿的種種疑問，顯見當時關於聖殿的消息正廣為流傳。[19]

接下來的兩百年（西元九五〇至一一五〇年）也很精采，包括諾曼人征服英格蘭、第一次歐洲十字軍收復耶路撒冷、出現歷史上最早成立的大學〔即義大利波隆納大學（Bologna）與英國牛津大學（Oxford）〕，以及萊夫·艾瑞克森（Leif Erikson）登陸今天的加拿大。同時，在西班牙西北角，有越來越多朝聖者前來一睹聖雅各聖殿，當地居民也興建各種基礎設施，來照應這些旅人的生活起居。後來，西班牙基督教王國君主聯手趕走非洲摩爾人（Moors），當時為支援軍事行動而修築的道路和城堡，就這樣保留至今。[20] 西元一〇七五年，西班牙更設立一座嶄新的巴西利卡式教堂（basilica），也就是聖地牙哥康波斯特拉主教座堂，而且在朝聖者經過的路徑上開始出現一些新聚落，例如：在一〇九〇年形成的皇后橋鎮（Puente de la Reina）。[21]

這條朝聖者專用的超級高速公路，不僅有齊全的硬體設施，還有教堂神職人員幫忙打下宗教基礎，其中以大主教狄耶果．戈密雷（Don Diego Gelmírez，一一〇〇至一一三九年）

15 作者注 Storrs, p. 32.
16 作者注 Webb, p. 13.
17 作者注 Webb, p. 13.
18 作者注 Storrs, p. 33.
19 作者注 Storrs, p. 34.
20 作者注 Storrs, p. 35.
21 作者注 Storrs, p. 37.

出力尤甚。戈密雷成功說服羅馬有權在每逢聖雅各節（七月二十五日）落在星期天的那一年，可以頒布大赦與特赦。[22] 因為大赦實施的範圍通常僅限於羅馬，所以聖地牙哥做為朝聖路線的終點，變得比以往更加吸引人。

在這段時期，出現最後一項有關聖雅各之路的基礎設施，而且堪稱一項創新：嚮導。**西元一一四〇年左右，在聖地牙哥以外的地方出現一份經過編纂的文件，不僅記述聖雅各的神蹟，也介紹前往聖雅各聖殿的朝聖路線**。後世把這份文件稱為《加里斯都卷軸》（*Codex Calixtinus*），並冠上教宗加里斯都二世（Pope Calixtus II，一一二一至一一二四年）的名字，戈密雷遊說成功的對象，正是這位羅馬教宗。[23]《加里斯都卷軸》不只探討宗教，部分內容更強調聖地牙哥做為朝聖目的地的意義，並說明有哪幾條朝聖路線，以及一路上如何補給物資。[24] 此外，這份卷軸甚至提到基督教西方世界的紀念品貿易，在這方面是目前所知最古老的史料。[25]

從《加里斯都卷軸》問世到宗教改革（Protestant Reformation，一五一七年）興起，在這四百年間發生許多事情，諸如克里斯多夫·哥倫布（Christopher Columbus）、馬可·波羅（Marco Polo）、約翰尼斯·古騰堡（Johannes Gutenberg），以及有「勇敢之心」

（Braveheart）之稱的威廉・華萊士（William Wallace），許多著名人物都生活在這個時代。在西班牙西北角，有了特赦做為誘因，再加上《加里斯都卷軸》宣傳，聖地牙哥康波斯特拉主教座堂一躍成為人氣最旺的朝聖目的地。十二世紀邁入尾聲之際，更開始出現來自英格蘭的朝聖者。[26] 到了十五世紀，世人對聖地牙哥的興趣益發濃厚，當時開始有一些記述聖雅各之路朝聖旅程的手稿，出自那些從義大利、法國、英格蘭、德國、瑞典和波蘭遠道而來的旅人之手。[27][28] 最令人驚奇的，這段聖雅各之路朝聖人次成長期，同時涵蓋歐洲史上最悲慘的兩個時期——包括黑死病（一三四〇年代）和英法百年戰爭（一三三七至一四五三年）。

---

22 作者注　Storrs, pp. 39–40.
23 作者注　Webb, p. 23.
24 作者注　Webb, p. 24.
25 作者注　Webb, p. 35.
26 作者注　Storrs, p. 42.
27 作者注　Dunn and Davidson, p. xxvii.
28 作者注　Storrs, p. 46.

踏上朝聖之旅的各種動機

雖然關於踏上朝聖之旅的原因，如今幾乎找不到什麼歷史紀錄，不過少數流傳下來的故事，倒是特別提到替個人罪過求得寬恕的需要——不論自願或非自願。舉例來說，一一七〇年，英王亨利二世（Henry II）謀害湯馬士·貝克特（Thomas Becket）後，便同意藉由朝聖來替自己的罪過懺悔，於是他徵詢教宗的意見，打算從羅馬、耶路撒冷、聖地牙哥三者當中，擇一做為這段旅程的目的地。[29]

有些朝聖之旅的動機不是為了尋求寬恕，而是為了尋求解脫。舉例來說，一四五六至一四八三年間，西班牙、義大利和法國共有四座不同城市，都曾派遣代表前往聖地牙哥，乞求神靈幫忙把鼠疫趕出他們的城市。[30]

另一方面，也有一些比較無關乎精神滿足的朝聖之旅，其中的觀光成分幾乎和宗教成分差不多，例如：在一三八七年，某個德國政黨就在其安全通行證上表明這一點。[31]此外，一定會有的是，**有些人並不是為了精神追求，而是各種可能的理由而踏上朝聖之路，像是為了逃避法律制裁，或是為了擺脫奴役的狀態等**。[32]

在這段朝聖高峰期，有多少朝聖者踏上聖雅各之路？關於有多少朝聖者成功抵達聖地牙哥，目前並沒有可靠的官方統計數據，不過有些資料或許能幫我們窺知一二。根據一六〇〇年代某個義大利朝聖者的敘述，位於隆塞斯瓦耶（Roncesvalles）的皇家庇護所（Royal Hospice），「每一年供養高達三萬名朝聖者」。雖然這個數字聽起來很誇張，似乎不如統計數據確實，卻能發揮設定上限的作用，方便我們大略掌握當時朝聖人數的規模。[33] 此外，根據皇后醫院（Hospital de la Reina）留下的一份掛號紀錄顯示，一五九四年共有一萬六千七百六十七名朝聖者建檔，平均每天出現四十五名朝聖者，在某些日子甚至出現兩百名以上。[34]

---

29 作者注　Storrs, p. 42.

30 作者注　Storrs, p. 57.

31 作者注　Storrs, p. 56.

32 作者注　Storrs, p. 60.

33 作者注　Laffi, Domenico. *A Journey to the West: The Diary of a Seventeenth-Century Pilgrim from Bologna to Santiago de Compostela*; Translated, with a Commentary by James Hall. Published 1997 by Primavera Pers. Leiden. The Netherlands & Conselleria de Culturae Comunication Social, Xerencia de Promocion do Camino de Santiago, p. 113.

34 作者注　Gitlitz and Davidson, location 4710 of 11301.

無論這段黃金時期出現過多少朝聖者，比起如今每年高達數十萬名遊客的紀錄，一定是九牛一毛。舉例來說，整個十四世紀來自英格蘭的朝聖者，據估計約有三千六百人，比現在單單一年來自英國的遊客人數還少（例如：二〇一五年，共有五千四百一十七名英國遊客）。[35] [36] 有鑑於當時旅途險阻重重，歐洲總人口又比現代少得多，因此在十二至十五世紀期間，在一年時間裡，只要出現幾千名朝聖者，就算是值得注意的盛大場面了。

到了十六世紀，前往聖雅各之路朝聖的風潮開始衰退，[37] 自從上個世紀出現其他替代方法（按：指向教會購買贖罪券），世人就不必再透過朝聖來求神赦免自己的罪過了。[38] 宗教改革以後，所謂的贖罪券更是淪為笑柄。[39]

另一方面，聖雅各之路太過受歡迎，或許也是導致朝聖風氣不再的部分原因。關於朝聖風氣衰退初期的紀錄顯示，有些窮人也開始使用朝聖者庇護所的一系列服務，但主要是當成像現代街友收容所一樣的空間，而不是為了朝聖。[40] 聖雅各之路朝聖人次不斷減少，而過去幾世紀替大批朝聖者興建的照護設施，卻仍然維持原來的營運成本。到了十八世紀，一些庇護所為了打平開銷，開始賣掉部分土地，還有不少在拿破崙戰爭（Napoleonic Wars）期間關門大吉，或遭到摧毀。[41]

不過，直到一七七九年，聖雅各之路仍然鮮活地留存在世人的記憶中。後來的美國總統約翰・亞當斯（John Adams），當時曾沿著聖雅各古道部分路段旅行，從西班牙前往法國，並在日記中寫下感想：「衝著這裡是聖雅各之墓的推測，每年都吸引了大量來自法國、西班牙、義大利和歐洲其他地區的朝聖者，其中很多人是一路徒步來訪。」[42]

35 作者注　Dunn and Davidson, pp. xxvi–xxvii.
36 作者注　OficinaDelPeregrino.com/en/statistics, retrieved July 27, 2016.
37 作者注　Gitlitz and Davidson, location 7475 of 11302.
38 作者注　Webb, p. 42.
39 譯者注　十六世紀，馬丁路德不滿教會藉贖罪券斂財、世人以購買代替悔改，於是提倡廢止贖罪券，成為宗教改革的開端。
40 作者注　Gitlitz and Davidson, location 7475 of 11302.
41 作者注　Gitlitz and Davidson, location 7475 of 11302.
42 作者注　John Adams autobiography. Part 3. "Peace," 1779–1780. Sheet 11 of 18. 28 December 1779–6 January 1780. http://www.masshist.org/digitaladams/archive/doc, retrieved 8 November 2016.

朝聖者把經歷寫成書、拍成電影

聖地牙哥朝聖之旅從未完全斷絕，不過一般認為，一九七九年只有約七十名朝聖者踏上這段旅程。[43]在那之後，似乎是靠著宣傳老花招，這條路線才終於重獲新生。埃利阿．瓦里納．桑貝羅（Elías Valiña Sampedro）是個牧師，住在聖雅各古道沿途的某個小鎮，他於一九八五年出版《聖地牙哥之路朝聖者指南》（*El Camino de Santiago, Guia del Pilgrim*），後來這本書就成了其他同款指南的範本。[44]就像八百年前《加里斯都卷軸》問世後掀起朝聖風潮，每當一本像這樣的旅遊書上市，當地就開始湧現大量人潮。

一旦朝聖者展開旅程，往往會把他們的所見所聞寫成文章，就和數百年前的古人一樣。光是一九八五至一九九五年間，就有十幾部記述朝聖之旅的著作以英語出版。[45]一九八七年，巴西作家保羅．科爾賀（Paulo Coelho）出版他談聖雅各之路的著作，比發行他那本暢銷書《牧羊少年奇幻之旅》（*The Alchemist*）還早了一年。二〇〇〇年，著名美國電影女演員莎莉．麥克琳（Shirley MacLaine）也出版一本書，談她踏上聖雅各之路的親身體驗，後來那本書還成了《紐約時報》（*New York Times*）暢銷書。二〇〇六年，某德國朝聖者記述聖雅各古道之旅的著作，登上了德國暢銷書排行榜。

此外，二〇一〇年推出的電影《朝聖之路》（*The Way*）同樣是關於聖雅各之路的故事，由馬丁・辛（Martin Sheen）和艾米里・埃斯特維茲（Emilio Estevez）領銜主演，似乎正是幫聖雅各之路在美國打響名號的關鍵推手，因為自從《朝聖之路》上映後，申請聖雅各之路朝聖證件的美國人數，竟然就足足成長到原來的四倍，從二〇一〇年的一千六百人，變成二〇一五年的六千四百人。[46] 而來自其他國家的朝聖者，也可能是受到其他近期推出的書籍或電影鼓舞，才決定踏上聖雅各之路。總而言之，聖雅各之路不只正準備迎接一千三百歲的生日，而且已經正式東山再起了。

---

43 作者注　Dunn and Davidson, p. xxxiii.
44 作者注　Dunn and Davidson, p. xxxiii.
45 作者注　Dunn and Davidson, p. xxxiv.
46 作者注　http://www.americanpilgrims.org/assets/media/statistics/apoc_redentials_by_year_07-15.pdf, retrieved 6 October 2015.

歷經十一個世紀的悠久歷史

距離歷史上記載的第一趟朝聖之旅，已經過了十一個世紀。二〇一三年，共有二十一萬五千八百八十人，同樣以朝聖者的身分被記錄在案。雖然他們各自從世界不同角落出發，目的地卻都是同一座聖殿，而我也是其中的一員。[47] 聖地牙哥康波斯特拉約有十萬名居民，是一座圍繞聖雅各聖殿興起的西班牙城市，而舊時坐落當地的小教堂，早已經變成宏偉的主教座堂。我，以及和我一樣的朝聖者踏上的旅途，大約就是從前第一批朝聖者走過的路線，現在則通稱為聖雅各之路（the Path of Santiago，西班牙文為 *El Camino de Santiago*）。

47 作者注 https://oficinadelperegrino.com/en/statistics/, retrieved July 21,2016.

第 2 章 聖雅各之路的精神

聖雅各之路朝聖證件──就是「朝聖護照」！

聖雅各之路以一張紙開始，以另一張紙結束。朝聖者展開旅程前，都會得到一張朝聖證件（Pilgrim's Credential），也就是朝聖護照（pilgrim passport, *peregrino* passport）。核發朝聖護照給我的，就是支持美國朝聖者的非營利組織：聖雅各之路美國朝聖者（American Pilgrims on the Camino）。這張憑證有兩個實際用途，一方面可以引導旅人，找出沿途只接待朝聖者的便宜青年旅館，同時幫助那些青年旅館，篩除其他純粹想找廉價住處的觀光客。另一方面，朝聖者也可以在這張護照上，蒐集途中各站的印章戳記，證明自己真的走過這趟旅程。而且每一家青年旅館都有自己獨特的印章，上面刻有旅館名號、所在位置，有些還刻上了旅館的標誌。此外，旅館藉著在戳記上標示日期的策略，就能在接待客人一兩天後，貫徹要求他們繼續上路的規定，好騰出房間接待下一批新來的朝聖者。

朝聖者一抵達位於聖地牙哥的古道終點，就可以拿著他們那張蓋滿印章的憑證，去申請另外一張關於聖雅各之路的「書擋」（bookend）——康波斯特拉證書（Compostela certificate）。康波斯特拉證書是以拉丁文寫的，用來證明朝聖者曾踏上聖雅各古道，而且至少確實走過最後那一百公里。聖地牙哥康波斯特拉主教座堂有個朝聖者辦事處（Office of Pilgrims，西班牙文為 Oficina del Peregrino），裡頭有專門人員負責檢查每個朝聖者的護照，並詢問朝聖者從哪兒出發、為什麼上路。確認完畢後，對方就會用拉丁文寫下朝聖者的名字，以及完走日期，然後把護照交還給朝聖者，最後對你說一聲「旅途愉快！」（Buen Camino!）。[1]

旅行的收穫是旅行的過程

我永遠忘不了抵達辦事處的那段旅程。那是既甜美又苦澀的一天，我為自己達成目標欣喜若狂，也為旅程即將結束油然感傷。在辦事處排隊等候時，我從其他朝聖者臉上，發現他們和我有同樣的心情，其中有些是熟面孔，也有許多我不認識的人。不管沿著哪一條路線走到康波斯特拉，到了最後一天，聖雅各之路朝聖者都會在辦事處交會。我終於領到康波斯特

1　譯者注　西班牙語「Buen Camino」直譯為「美好的道路」，意即「旅途愉快」或「一路順風」。朝聖者在一路上都會聽到周圍的人對自己說這句話。

拉證書時，閃過腦海的第一個念頭是：「我從來不知道，我的名字（Victor）可以寫成拉丁文的 *Victorem*！」第二個念頭就是：「到家把嶄新的證書掛上牆之前，這一路該怎麼好好保管我這張寶貝的紙呢？」

話是這麼說，但萬一哪天我家失火了，我只能救出其中一份文件時，我還是會選擇皺巴巴又髒兮兮的朝聖護照，而不是這張光鮮乾淨的康波斯特拉證書。看著康波斯特拉證書，讓我想起自己實現徒步穿越西班牙的壯舉；看著朝聖護照，卻讓我想起自己在這條路上如何踏實走過每一步，才終於贏得那張證書。俗話說「**旅行的過程就是旅行的收穫**」（the journey is its own reward），聖雅各之旅就是一個例子，而朝聖護照則記錄了這趟旅程。

每天晚上結束當日行程，並在入住旅館時往護照上蓋章，可以說是每一個朝聖者經歷的核心儀式。就像在許多典禮上，小木槌咚一聲敲在木板上標誌著儀式的結束，在聖雅各之路上，印章砰一聲蓋在護照上也標誌著每一天的結束。對於像我這樣成果導向的高階主管，這個聲音在這趟冒險旅程上是一種立即滿足。一天又結束了——砰！

我記得自己拿到第一個印章戳記的樣子，當時我興奮得要命，拍了一張「自拍照」。我敢說大多數現代朝聖者都做過這件事。我還記得那是上路第一天，一整天我都克制不住熱切的渴望，每回歇腳或用餐後都急著在護照上蓋印章。那天晚上吃過飯後，正當我欣賞自己蒐集到的印章戳記時，我才忽然發現，照那種速度繼續蓋下去，不用多久就要把蓋章空間消耗光了。從那以後我決定收斂一點，只在每天傍晚入住旅館時蓋一個章。

過了幾天我才明白，**那張護照帶給我的真正禮物，並不是隨著旅途漸漸集滿的一個個戳記，而是印在護照背面的字樣**。最初我一收到該機構寄來的護照，就大略看過那段文字了，只是當時讀完並不覺得有什麼稀奇。等到我實際踏上聖雅各古道，才知道那些文字是多麼可貴。在標題「聖雅各之路的精神」（Spirit of the Camino）下，簡單寫著七條小叮嚀，指出朝聖者走在古道上要注意的事項。後來，我發現這些小叮嚀寫得既簡單又深刻，不禁覺得很有意思：

1. **欣然迎接每天**
2. **待人賓至如歸**
3. **樂於與人分享**
4. **時時活在當下**

5. 感受前人精神
6. 欣賞同行夥伴
7. 顧慮未來的人

這些小叮嚀無關乎宗教，看起來是**實用的生活哲理**，而且是**每個領導人每天都應該展現的品格**。閱讀這些文字後我才發現，不論在私人生活中，或在專業工作上，這一切我一直都做得不夠好。

那時候，即使已經走在一條朝聖小徑上了，我還是沒有把自己當成朝聖者。原因在於，我並非想在旅程終點得到某種天啟，我一心想得到的，其實是可以吹噓自己曾徒步穿越西班牙的本錢。我只是想把另一場偉大冒險旅程的戰利品，掛在我家的牆上。

直到讀過這幾條守則後，我才明白那絕對不是我這趟旅行的目的。這趟旅行將不只是一場史詩般壯闊的夏日冒險，也是一門暑期輔導課。我要不是在商學院沒學到這些道理，就是早已經忘光光了，總之，我正展開密集的補救教學，準備重新學好這七堂簡單的領導課。

Part 2

學習聖雅各之路的精神

聖雅各之路沿途一座路標。

第3章

欣然迎接每天

我花了十五分鐘才把卡在登山襪和登山褲的薊草通通拔掉。這條蜿蜒小徑一路穿過嬌嫩的蘆筍田，但這些討厭的薊草卻不知怎麼卡在身上。剛被我超前的三個英國人停下腳步，問我還好嗎，我告訴他們，我的自尊心受傷了但我沒受傷，他們聽了微微一笑，就繼續向前走了。後來那天夜裡，我一邊和他們喝啤酒，一邊把這個故事說給他們聽。

話說前一晚，我讀到書上引用另一個朝聖者說的話，剎那間茅塞頓開：「通常在朝聖者庇護所，你可以獲得任何你想要的東西，唯有在聖地牙哥醫院（Hospital de Santiago）不行。這裡的人老愛冷嘲熱諷，附設庇護所的女人又常對朝聖者大吼大叫，但食物倒是不錯。」[1] 令我震撼的，並不是這段引述文字的內容，而是這段話節錄自德國人曲倪．馮法賀（Künig von Vach）的日誌，他早在五百多年前就踏上了聖雅各之路！我這才明白，我經歷的樂趣和考驗大概跟馮法賀差不多，就和他一樣，兩者我都必須學著欣然接受。卡在我褲子上的薊草就是一種考驗。而我感覺到自己和數世紀前的另一個朝聖者有所連結，則是一種樂趣。至於我短暫偏離聖雅各古道，去探索一處有數百年歷史的旅館遺跡，可以說兩者皆是。

我為了寫這本書訪問過數十個朝聖者，才發現他們也和我一樣，每天在聖雅各古道上都要欣然迎接樂趣與挑戰。譬如，來自比利時的顧問漢斯（Hans）認為：「每一天感覺都很棒，即使實際上未必如此……**樂趣和考驗都不再是極端情況，而是一種情緒構成的模糊經驗。我欣然接納這種完整的結合。**」來自美國的爸爸艾里克（Erik）表示：「我必須用沒長水泡的那隻腳，小心踏出其痛無比的每一步。我學會在用『好』腳跨步時『全神感受』。」十七世紀曾踏上聖雅各古道的義大利朝聖者多門尼各・拉費（Domenico Laffi），在日記上為結合樂趣與考驗的一天，下了這樣的結語：「我們在這裡被狂風暴雨襲擊，幾乎要喪命，但接著出現炙熱的太陽烘乾我們的衣服。於是，我們繼續行走，穿越山丘。」[2]

我第一次聽到聖雅各之路朝聖者推崇的價值觀：「**欣然迎接每一天，不只樂趣，還有考驗。**」腦海中就浮現出這樣的意象：一個身穿睡衣的迷人男子在床上醒來，然後伸伸懶腰，推開窗戶，迎接早晨的陽光和微風。我想著想著，就想喝杯咖啡。直到我適應了聖雅各之路的生活節奏以後，這段話對我才有了更豐富的意義，不再只是一大堆咖啡廣告的聯想而已。在我眼中，**每一天不再只是劃分星期或月份的時間單位，而是在其中的經驗本身。**在聖雅各

1 作者注　Gitlitz, David M. and Linda Kay Davidson. *The Pilgrimage Road to Santiago: The Complete Cultural Handbook.* Kindle Edition. New York. St. Martin's Griffin. 2000. Location 3898 of 11301.

2 作者注　Laffi, p. 151. Quote used with permission.

古道上，度過一天就像一星期，每一天都塞滿了多采多姿的不同體驗。我最後學會用嚴陣以待的態度欣然迎接每一天，在旅途上身體力行的過程中，我漸漸明白即使離開了聖雅各古道，仍然可以繼續在專業工作上實踐這條守則。

用合理的目標迎接每一天

把徒步幾百英里穿越西班牙當成目標，實在很嚇人，因此朝聖者都要學習把這個龐大的目標分解得更小。

來自澳洲的精神科醫師安（Anne）這麼歸納她的做法：「因為整個任務太過龐大，所以唯一要想的就是接下來的那一天。現在我把這個道理應用在寫作上，每天寫一頁，最後就能寫成一本書。」

同樣來自澳洲的個人助理蘿西（Rosie）學到的，則是用一個簡單目標開始每一天：「每天早上，我們會替那一天將遇到的人、一路上將被我們幫助的人，以及將幫助我們的人禱告。現在，我每天早上還是會在大腦中這樣想。即使只是芝麻小事，我每天還是會設法幫助別人。」

我踏上聖雅各之路前，做的是一份每天都要繃緊神經的工作。身為營運長，不管部門裡誰提出什麼工作目標，終歸要由我來負起責任，這意味著，為了達成目標而衍生出來的數十項活動，我都得一一確實追蹤。每一項專案、計畫、提案或其他活動，都各有各的進度表和績效指標。為了持續掌握所有項目的進度，我每天都得照著塞滿會議的行事曆趕場，而且這些會議往往都在不同地區，彷彿每天都要換一套雜耍球來使。後來我發覺，我很難在各個會議上把注意力切換到不同地方，老是擔心自己可能漏了什麼東西。當一天又來到尾聲，我總是覺得自己已經竭盡全力，卻沒把握那天算不算成功。我只知道，明天將是另一個像這樣奔波的日子，日復一日。

從聖雅各之路徒步穿越西班牙，是我這輩子最筋疲力盡的一個月，卻也是最優游自在的一段時光。筋疲力盡的是身體，因為每天都要背著沉重的背包走十五英里（約二十四公里），一連走了一個月；優游自在的是心靈，因為聖雅各古道的生活是如此純然樸實。我的目的地很明確，通往目的地的路徑也很清晰，而我唯一需要的，就是強壯的背脊。

一天早上，我和名叫薩瓦多（Salvador）的巴西人一塊兒走了一段路。就和我一樣，薩瓦多走路的速度比古道上其他人的平均速度快。不過，和我不一樣的是，他預計用三週走完全程，我則是四週。換句話說，薩瓦多分配給每一天的里程數比我更多，這表示他在清醒時幾乎都要不停走路才行，也表示他必須經常在荒郊野外搭營。因為他排行程時沒留下多少餘裕，來不及走到城鎮過夜。雖然我們以相同的步調、朝相同的目的地前進，但其實是各走各的，完全不一樣。每天在古道上走完一段路後，我總能帶回人際互動的新鮮體驗，薩瓦多卻幾乎沒有這樣的回憶。聖雅各之路對他來說，就是盡可能越快達到目標越好。

我開始將我倆截然不同的聖雅各之路，比擬成我自己的職涯發展。一開始，我的職涯路徑就像薩瓦多的聖雅各之路，都有一個目的地（一份「成功的職業」），而且想盡快到達目的地。於是我和同儕競爭，花在工作上的時間、存在銀行裡的薪水，就像是寫在計分板上的選手積分。平常下班離開辦公室後，我幾乎沒有心力在其他地方享受像樣的生活。對我來說，在辦公室熬夜加班更像是習慣，而非出於必要。我忘了工作並不是目的本身，而是一種手段，只是要用來實現我真正的目的：一段「成功的人生」。

從聖雅各之路回來後，我決定每天工作時只要專注於一個目標就好。一旦達成那個目標，我就可以繼續享受下班後的人生。其中有幾天，我的目標是替我下一本書寫幾千字手稿，有幾天是寫一篇部落格文章，也有幾天是更新我手上某個網站。自從每天只挑出一件事專心處理後，我變得更容易集中精神。因為只有一個簡單的目標，所以每次我實現目標時，總是能獲得成就感。我不再同時向幾道不同戰線推進一點點，而是每天突破一道球門線。這麼做既能滿足自我，又能激勵自我，是絕佳的工作策略。

聖雅各之路的領導課

用合理的目標迎接每一天

- **設定合理的每日進度：**我為聖雅各之路設定每日平均路程時，是以我想走多少小時為基準，而非我能走多少英里。如果我吃過晚餐還得繼續走，就表示哪裡出錯了，可能是我太晚動身上路、途中休息太多次，或是那天走得不夠快。在工作上也是同樣的道理，你要規定自己在某個截止時間前完成工作。如果你為了工作得晚點下班，那可不是值得驕傲的事，反而應該當作失敗來處理。要提醒自己，平衡工作和家庭是很重要的。更重要的，替你工作的部屬可能會效法你的作風，通常即使沒有必要晚下班，大家還是覺得比老闆早離開看起來像偷懶。

- **為每個工作日定義何謂「勝利」**：每天早上或前一天晚上看行事曆，預先思考當天結束時，什麼事能讓你覺得那天過得很成功。舉例來說，如果某一場會議能幫你搞定麻煩問題，就可以想一想，你希望那場會議要產生什麼成果，然後把那項成果當作那天的「勝利」。如果你已經在拖延某項工作，那天就把開始那項工作當成目標。如果那個星期你必須完成某項交付工作，就把那項交付工作設為那一天的目標。替自己訂出一個當天可以核對的清晰目標，才會覺得自己正在漫長的旅程上持續前進。

慶祝小小的樂趣

朝聖者在聖雅各之路上會開始明白，慶祝小小的樂趣有多麼重要。這條路很可能把人折磨得筋疲力盡，**如果懂得慶祝小小的樂趣，就能重新儲備體力，順利克服接下來的挑戰**。

來自紐西蘭的行政主管珍珠（Pearl）分享她在古道上學到的一課：「在聖雅各之路上，我們會看地圖來確認當天必須去的地方，如果途中要經過山坡路段，我們就會這麼想：『好，一步一步走就行了。』一旦到了那裡，我們從不往前看還要走多遠、還要爬什麼山，或我們可能走上哪條小徑。我們會專心走路，享受每一座村莊，以及每一片嶄新的風景，然後才回頭看，我們是從哪裡走到這裡，並慶祝自己已經爬上好一大段路，或至少我們已經爬上半山腰，終於能看清楚還有多遠要走。」

來自美國的朝聖者喬安（Jo Anne）告訴我她的故事，說明慶祝小小的樂趣有多麼重要：「我在聖雅各之路上曾幾度瀕臨崩潰……我想念我的丈夫、孩子和孫兒。過了十天左右，我寄了一張短箋給兒子，只是想告訴他我有多難熬……他回給我一張最優美、最動人的短箋，大致上是要我暫時停下腳步，並欣賞自己正在做的事。他要我別再因為地圖說要從A

點走到B點，就把聖雅各之旅搞得好像一場賽跑。我兒子告訴我，每天都要暫時停下腳步，坐在小餐館裡喝杯茶。」

擔任顧問那段日子裡，我一直不太懂得慶祝小小的樂趣。幾乎每一個星期，我都要搭機飛往客戶所在地區，不僅工作量大，還要花時間通勤。如果我能吃上一點早餐，可能也只是從旅館大廳隨手帶走的小點心，而且要在計程車上吃。如果有時間吃午餐，大概只能叫個外送在小組休息室裡吃，更別提客戶還常以為我們只顧著吃沒工作。晚餐多半也差不多，我會一個人回旅館，吃客房服務送來的餐點。進食不過是為了滿足生物需求而已。

有一天晚上，我在底特律替客戶辦事時，決定在旅館附近的海鮮餐廳犒賞自己一頓晚餐。那是十一月的某個星期二，餐廳裡人不多，我獨自坐在吧檯，瞥見一群人團團擠在餐館後方角落的一張桌子旁邊。後來其中兩個人站起來，一起走去盥洗室，我才明白他們和餐廳裡其他人座位分開的原因。原來那是美國盲人歌星史提夫·汪達（Stevie Wonder）和他的隨扈。汪達先生很親切，一聽見我們大喊他的名字，就坐到離我座位十五英尺（約四·五公尺）遠的鋼琴邊，為大家演奏三首曲子。這一天的尾聲多麼棒啊！經過那場私人音樂會後，我不禁想到以前很少外出吃晚餐，不知道錯過了多少有趣的事情。

那場私人音樂會後，我也學會從嶄新的角度欣賞自己的工作。自從擔任顧問，我有更多機會遊遍美國與歐洲，旅途中還有多少有趣的體驗，是我過去沒能好好享受的呢？商學院畢業後，顧問工作一直是我夢想中的工作。然而，當這個夢想終於化為現實生活，我卻不懂欣賞隨之而來的一切。我每天都能經歷這份夢幻職業的一部分，卻不覺得慶幸。

用步行時間來劃分每天的任務，是我在聖雅各之路上的例行事項。每天早上，我總是趕在吃早餐前出發，並盡可能把當天的路程走得夠長之後，才停下腳步休息。只要能找到第一個可以喝杯咖啡的地方，就值得我好好慶祝。咖啡象徵著致敬，敬我自己如此早起，連早餐都沒吃就上路了。我也為午餐設定同樣的目標。停下腳步吃午餐前，我希望先走完當天一半以上的路程，並把午餐當作慶祝達成這項目標的方式。晚餐則往往是一天下來的重頭戲，用來慶祝我達成當天目標，通常會和其他朝聖者一起吃。

離開聖雅各之路回家後，我仍然維持這樣的習慣。**早餐不再只是早上第一餐，而是為了犒賞我做完早晨健身訓練。午餐不再只是中午那一餐，而是為了慶祝我在邁向當天目標的路上有個好的開始。晚餐也不再只是一整天的最後一餐，而是為了慶祝我達成當天的目標。**把這一切儀式分別和某項成果連結起來之後，我更懂得欣賞這些成果了。

聖雅各之路的領導課

慶祝小小的樂趣

- **把早餐當成一個目標：**如果你每天早上都有想做的事，像是運動或瀏覽報紙，就先做完那件事，然後把早餐當作獎勵。
- **把午餐休息時間當成邁向截止時刻的中點：**如果到了午餐時間，你在邁向每日目標的路上進展順利，就把午餐當成犒賞自己的小小慶祝會。
- **慶祝一天的結束：**如果你順利完成當日目標，就可以宣告勝利，把全副心思放在享受下班後的時光。

換個角度看待考驗

許多朝聖者都認為，在自己的一生中，聖雅各之路是一段特別有挑戰的經驗。**在每天克服種種困境的過程中，朝聖者終究要學習換個角度看待考驗**。

來自加拿大的朝聖者比爾（Bill）從聖雅各之路學到這一點：「我獨自一人，沒有旅遊指南或地圖，銀行金融卡又不能用。一路上有其他朝聖者和我交朋友，我學到的是，事情通常都能順利解決，儘管也許不是以你原本設想的方式。」

來自荷蘭的高階主管教練彼特（Peter）在聖雅各之路上，變得「更加從容，意識到每件事情都將順利解決，也不再對可能的結果那麼憂心忡忡。聖雅各之路帶來力量。」

來自英格蘭的退休資訊科技專家史蒂芬（Stephen）說：「我學會對生命拋來的一切泰然以對，並順其自然。以前我老是對困境想太多，最後搞得自己壓力很大，而且討厭既定行程發生變動。現在，我學會接受那就是人生，只要微笑以對就夠了。」

我早在踏上聖雅各古道之前，就遇過一項重大的考驗。二十多歲時，我為了拿到MBA文憑，跑去念研究所全日制課程，整整兩年裡不但沒薪水，還要支付高昂的學費和其他開銷。這意味著，我讓自己背上沉重的債務，在自己身上押下龐大的賭注。畢業之前幾個月，我收到一流顧問公司的錄取通知時，簡直高興得不得了，那就像幫我在商業上推動成功職涯的完美噴射裝置。同樣重要的，這份工作可以幫我償清債務。

剛開始去顧問公司上班時，我希望讓人留下良好的第一印象。那年夏天，除了我以外，辦公室還有另外二十個左右剛從MBA畢業的新人。好勝如我，開始暗暗希望自己能馬上脫穎而出。

我第一項任務來自一位經理，他問我懂不懂怎麼做變異分析（variance analysis）。我記得在MBA某堂課上聽過這種複雜的分析法，雖然不記得該怎麼做，但我認為自己可以想通。況且我絕不可能才剛參與第一項專案，就說「我不知道」。

於是我埋頭研究客戶資料的試算表，每天工作二十小時左右。連續幾天後，我還是想不通該怎麼做，但截止期限正飛速逼近，我覺得前途一片黯淡。我開始想到滾雪球效應，萬一我在第一項專案失敗了，那麼我在這份工作也將失敗，這表示我的職涯永遠無法起飛，也就是說我根本沒有辦法還清學貸。整個人生就要在二十七歲毀了，我這輩子從來沒像當時壓力這麼大。

幸虧有個同事發現我變得很緊張，問我需不需要幫忙，我們才一起把任務搞定。我覺得我的職涯好像逃過一劫了，把分析報告交給經理後，我終於在那陣子以來頭一天夜裡睡了個好覺。

現在我回顧這段往事，當時的壓力看起來是被過度放大了。況且客戶從沒看過那份分析報告，雖然內容無誤，但並沒有那麼重要。我甚至想不起那個客戶的名字了。

踏上聖雅各之路第十天，我就順利掌握到自己的節奏了。我開始使用健走杖後，扭傷的腳踝才停止抗議，此外也安然度過第一次水泡感染驚魂記。當時我覺得接下來三個星期想必充滿艱辛，不過我有信心自己能夠做到。

離開熙熙攘攘的布哥斯城（Burgos）後，我第一次進入西班牙中部的梅塞塔高原（Meseta），四周地形遼闊平坦，幾乎看不見樹木。從離開布哥斯城到翁達納斯鎮（Hontanas），也就是我當晚預計投宿的下一站，一路上幾乎沒有值得一看的景致。就這樣走了十九英里左右，已經超過我計畫的基準路程十五英里，不過至少地勢平坦。因為高原上光禿禿一片，所以我看得到里程告示牌。幾個小時後，還是看不到任何指示翁達納斯鎮方向的路標。我開始擔心起來，反覆檢查手中的地圖後，覺得自己沒走錯路，於是繼續往前走。

所幸過了大約二十分鐘，翁達納斯就神奇地出現了，我登上山脊時，看見這座小鎮就橫臥在山谷裡。那真是漫長的一天，我走到鎮上往青年旅館邁進時，臉上掛著大大的微笑。我肚子很餓，決定先吃個飯再辦理入住手續。

那天進入尾聲時，我卸下背包，啜飲幾口用來慶祝的啤酒，然後抽出旅行計畫書，想找出訂房確認碼來登記住宿。過了一分鐘，我才猛然發現自己的疏忽。在旅行計畫書上，我的確把翁達納斯列為當天的目的地，不過我預訂的旅館在卡斯特羅赫里斯（Castrojeriz），離這裡還有六英里！

明明已經檢查過旅行計畫好多遍了，我實在不相信自己會犯這種錯誤。我想一想，可能是因為，有時候雖然是我想落腳的小鎮，但在網路上卻找不到任何當地住宿資訊，只好在地圖上找其他距離最近的據點。一定就是這個緣故，才疏忽了。於是，我開始思考解決方案，如果聽從我那痛得要命的腳和背，應該乾脆把計畫書拋在一邊，在原地留宿。但我隨即想到，這個決定將變得像第一張骨牌那樣，把我計畫好的接下來的每個夜晚，以及每個旅館預約，一個個通通搞砸。

我重新背上背包時，覺得有點氣餒，接著便向鎮外走去。整條聖雅各之路就是一場考驗，只不過，接下來的考驗一點也不好玩。這次計畫出狀況，意味著我硬是把兩天份的路程塞進了同一天。幸好日照光線還夠亮，我可以繼續走，不過我一點也不期待這段旅程，一點也不歡迎這種考驗。

然而，我離開聖雅各之路後再來回顧，反而覺得那天棒極了。即使在聖雅各之路上，那是最折磨人、最不好玩的一天，那依然是聖雅各之路上的一天。**做熱愛的事情時遇上最糟糕的一天，總好過做恐懼的事情時遇上最好的一天**。

聖雅各之路的領導課

換個角度看待考驗

- **欣賞你的工作**：工作時遇上不順遂的一天或幾天，也許會忍不住說你討厭這份工作。在你說出口前，想一想如果沒了這份工作，你會有什麼感覺；想一想你剛得到這份工作時，內心多麼雀躍。做這份工作時遇上最糟的一天，大概總好過沒這份工作時遇上最好的一天吧。抱怨前，記得先這樣提醒自己，也要提醒你領導的人。

- **換個角度看待失誤：**工作上出錯時，務必要先換個角度看待失誤，再做出反應。除非你在某些特殊領域工作，不然即使你或別人捅出簍子，也不至於害誰丟掉小命或少一條腿。失誤可能無法刪除，不過頂多讓你損失一點時間、金錢或顏面而已。你可以換個角度思考，排解壓力與緊張後，再採取補救措施。

第4章
待人賓至如歸

雕像刻劃著一名朝聖者正在聖雅各之路上休息的樣子。

聖雅各古道路上或周遭總有親切的人，令朝聖者覺得賓至如歸。我記得有個笑咪咪的老先生，不但發糖果給朝聖者，還準備自己的印章來蓋大家的護照。我也記得在一幢房子的車道上，有人用巨大字母寫著「Buen Camino!」（旅途愉快！），我還拍了一張照片。以上只是其中一些當地人讓我覺得受歡迎的例子，來自澳洲的蘿西則是以更直接的方式，感到自己受歡迎，她說：「有一天下起傾盆大雨，我們正走在一座很小的鎮上。有個女人一看見我們就走出來，用有限的英語詞彙提議讓我們到她家避雨，等雨停了再走。對又冷、又溼、又累的我們來說，這是多麼慷慨的接待呀！我常常回想起這一刻，並試著像這位女士為我們做的那樣，以無私的心胸讓別人覺得受歡迎。」

乍看之下，我認為「讓別人覺得受歡迎」這種價值觀是常識，把它奉為朝聖者守則列出來，簡直是浪費空間。我從小時候就知道要說聲「嗨」來迎接別人。每當親戚來訪，長輩就會教我擁抱他們，以示歡迎。然而，在長大成人的過程中，不知從什麼時候開始，我就忘了在職場上讓別人覺得受歡迎的重要性。我是那種老想著「廢話少說談正事吧」的人，以為讓別人覺得受歡迎的最好辦法，就是展現出我已經為開會做好萬全準備的架勢。我以為只要做好準備，就能證明我尊敬他們和他們的時間。原本我認為，會議一開始冗長的「閒聊」只是裝模作樣，浪費時間，但聖雅各之路讓我明白，**只要能讓別人覺得受歡迎，聊天就永遠不是等閒之事。**

用有意義的方式問候他人

關於如何用有意義的方式問候他人，聖雅各之路可以提供密集的訓練。朝聖者每天都會遇見陌生人，不管是在小徑上、庇護所，或是用餐的時候。因為在這些人際互動中，朝聖者通常要面對另一個來自不同文化的人，並用第二語言交談，所以能有效學習用有意義的方式問候他人。

聖雅各之路也教給我們一些實戰技巧。

來自澳洲的蘿西分享她在聖雅各之路學到的一課：「現在我花更多時間停下來與人交談，並確實聆聽他們說的話，了解發生在他們生命中的事，而不是敷衍說聲嗨、你好嗎或再見。」

來自美國的朝聖者裘蒂（Jodi）也分享：「我正努力改變自己問候路過身邊的人的方式。通常當大家說『你好嗎』，並不是真的想知道對方好不好。除非我有時間聽對方說自己的近況，不然我以後打算改說『很高興看到你』。」

也有人是在接受別人問候時，從對方的出色表現學到一課。來自美國的社區關係經理婕琪（Jackie）分享她的故事：「第一天，我遇到一個從不說英語的女人，她注意到我爬坡爬得很吃力，於是（她用我聽不懂的母語）問我還好嗎。因為她搭配手勢表達，所以我懂那是她問話內容的意思。我點頭表示自己沒事，然後她對我微笑。連續五天，我每天都看到她，她總是問我同樣的問題，但她的問法比較像是一種陳述，不像是在問：『你還好嗎？』而是在說：『你沒事的！』說完就會對我微笑，並豎起大拇指。她因為這種作風很受歡迎，所以我回家後也想盡量效法她的做法。」

有時候，**只是一個單純的微笑，就能讓別人覺得受歡迎**。來自美國的媽媽珊迪（Sandy）說：「我當時剛離開聖雅各之路，正坐在從聖地牙哥開往馬德里的火車上，身邊坐著一位不會說英語的年長女士。我們靠著微笑和手勢交談。我請她喝杯蘇打水，她給了我幾顆硬糖果。那七個小時很神奇，在我離開前，我們擁抱了一下，再也沒說半個字……即使你不說任何語言，單憑微笑仍然能傳達很多訊息。」

踏上聖雅各之路前，我擔任高階主管時主持過許多會議，而且總是慎重對待我所扮演的角色，因為這些會議必須消耗大量不可再生的寶貴資源：時間。我不只一次用平均時薪乘以與會總人數，來計算一場會議的成本。照這樣算，有些大型會議的投資成本將近五千美元。如果有人為了添購設備，要我核發五千美元經費，我就會想知道那筆錢是不是花在刀口上。因此我對自己主持會議效率之高向來自豪，我們總是準時開始、準時結束。我們確認後勤準備都已經安排妥當，徹底討論議程上的所有事項，記錄每一場會議決定的「執行事項」，並在後續會議中追蹤完成進度。我們甚至按自己達成一切任務的績效，來替每一場會議評分。總之，我們開會的方式就像在操作經過精密校準的儀器。

一路走來不知道從什麼時候開始，我主持會議時不再注意人性的一面。雖然我覺得那些會議不過是例行公事，但會議室裡並非每個人都這麼覺得。對後進員工來說，開會是難得可以和我或其他高階主管當面互動的機會，他們可能花了很長一段時間，才準備好會議要用的資料。我跳過「閒聊」直接開會的作風，不是單純省下時間而已，也意味著我不願為了讓別人覺得受歡迎，多投入一點心力。

在聖雅各之路上，我們有個讓別人覺得受歡迎的好方法，就是向每個朝聖者問候一聲：「Buen Camino!」按照西班牙文的字面翻譯，可以譯為「這條路真好！」（Good Way!）或是「走得真好哇！」（Good Walk!）就像其他新手朝聖者，我在路上很快就適應互道「Buen Camino!」的問候方式。我覺得這麼說的自己感覺很酷，證明我也是朝聖者。過了好一段時間，我才穿越膚淺的字面意義，深入理解這種簡略的表達方式。當一個朝聖者對其他朝聖者說這句話，其實是在說：「嗨，我注意到你正在實現自己的任務哦，而且我和你一樣，祝你成功。」當一個在地人對朝聖者說這句話，其實是在說：「嗨，這兒很歡迎你，我明白你正在實現自己的任務哦，祝你成功。」短短一句，大家就能表達真誠的同理與支持。

聖雅各之路的領導課

用有意義的方式問候他人

- **記住對方的名字：**用有意義的方式問候他人的第一個關鍵，就是盡可能藉由說出他們的名字，來肯定他們的存在。隨著你在組織架構中不斷晉升，將遇到越來越多需要記住的名字，因此這件事會變得更加困難，不過收穫總是值得的。我剛開始工作不久，遇過一位比我高幾個層級的高階主管，令我印象非常深刻。當時他的組織裡有數百人，我出於一種不成熟的逞強心態，趁機考考他記不記得我的名字。沒想到他微微一笑，就說出我的名字，我不禁大吃一驚，覺得他彷彿「認識我」。不管他做了什麼才記住數百個名字，這對我來說顯然很有意義，因此過了二十五年，我依然記得這件事。有誰會因為你記得他們的名字，而把你牢牢記在心裡二十五年呢？
- **表示關注：**回想一下其他關於你遇見某個人的事情，像是某項專案或某個經驗。在大組織中，可能要費點心思才能持續注意每個人，不過總會有回報。舉例來說，基層員工可能覺得高層主管看不到自己努力工作，如果高層主管能表示關注，對基層員工來說意義重大。

- **表達同理心：**你問候他人時說些什麼，只是這件事的一半，對他人的回應做出反應，則是另外一半。傾聽對方說什麼，觀察對方說什麼，如果你察覺他很焦慮，就要表明你確實注意到他的這種狀態。有時候簡單的一句「撐住啊」，就可以傳達很多東西了。

做個友善的陌生人

許多朝聖者在聖雅各之路上，都遇過陌生人對自己不經意地表示善意。這些友善的陌生人，可能是住在聖雅各之路沿途村莊的居民，也可能是其他朝聖者。

來自英格蘭的泰瑞（Terry）分享這段故事：「我現在五十九歲，但五年前我連商店都不願意去。看過電影《朝聖之路》後，我告訴自己，我也要那麼做。許多人嘲笑我的想法，我受激不過就上路了。我一個人爬上庇里牛斯山（Pyrenees），才剛抵達位於隆塞斯瓦耶的第一個庇護所，天就下起雨來。截至當天以前的腎上腺素都離我而去，我的感覺不太好，開始懷疑自己，心想：『我幹嘛要來呢？』一個日本女人從濃霧中走來，她只朝我點點頭，並交給我一支巧克力棒，然後就消失了。我用這塊小點心補充能量，最後爬到了山頂。」

我希望我能想到類似的經驗，有人因為我在工作上做了好事，而覺得我是個「友善的陌生人」，但我完全想不到。關於「陌生人」最難的一部分是，即使我是友善的陌生人，對方事後大概也不曉得該怎麼聯繫我，好讓我知道這一點。

不過我倒是有機會，看團隊夥伴如何因為做個「友善的陌生人」，而獲得回饋。二〇〇八年美國總統大選，華盛頓特區投票率創下新高，因此採用缺席投票制（absentee ballot，又稱郵寄式投票）。大量人潮塞爆了當地選舉局，當時我工作的市長辦公室，開始有一大堆人打電話進來投訴。後來，不受市長辦公室管轄的選舉局打電話來，請我們提供緊急支援。所幸市長當時沒參選，我便領導其他人展開支援工作。多虧數十名志工齊力協助，每個準時提出缺席投票申請的人最後都能順利投票。

支援工作結束後，一個名叫麥特（Matt）的志工跟我分享他的故事。當時他負責接聽一位老太太打來的電話，對方說自己沒收到寄來的選票，但距離她寄回已劃記選票的截止時間，只剩下幾小時了。她行動不便，無法親自走一趟到辦公室來領取，因此擔心得要命。她從沒想過自己可以有機會，把票投給一個非裔美國人總統，現在卻要眼睜睜看這個機會溜走。於是，麥特先找選務人員確認情況，然後提議親自把選票送到她家。他花錢搭計程車到她家，她家在一個他從沒去過的社區。那個老太太來開門，一見麥特就哭了起來。她告訴他，年輕時如果在選舉日看到像麥特這樣的人，她只覺得對方會來煩她，而不是來幫她。那位老太太開心極了，想要送麥特禮物聊表謝意，於是她順手拿起一罐薑汁汽水，堅持要他收下。幾個月後，我看到未開封的薑汁汽水還放在麥特桌上，無論如今麥特人在何方，我都希望那罐汽水依然能提醒他，做個友善的陌生人具有多麼大的威力。

我在聖雅各之路上也曾靠著友善的陌生人得救。某個星期天晚上，在某個小鎮上，我的第一個水泡破了。其他朝聖者建議我，去附近開到晚上九點或十點左右的藥局，於是我急忙出發，一拐一拐走到那裡。一到門口，就看見上鎖的門外掛著西班牙文寫成的「打烊」牌子。我沒敲門，不過裡頭一個正在打掃的老先生走近門口，他打開門後，只問我是不是朝聖者。我回答「是」，然後請他看我的水泡，把這個動作當作一種快捷表達法，用來代表高中老師沒教過我的某個西班牙文單字。他開門讓我進去，什麼也沒說就按下按鈕，朝門外公共對講機說了一段話。幾分鐘後，一個氣呼呼的藥劑師在門口現身，問我需要什麼處方。我手指水泡，她看了一眼更火大，一邊給了我殺菌軟膏，一邊不滿地對打掃的先生說，她覺得這可不算是下班後待命期間的「緊急狀況」。老先生只是裝傻聳聳肩，好像在說：「歹勢，我誤會這個美國人啦。」我付了錢，老先生領我到門口。他一面送我出去，一面帶著心照不宣的微笑握起我的手，眨眨眼說：「Buen Camino.」

聖雅各之路的領導課

做個友善的陌生人

- **秉持「不關門政策」**：展現平易近人的態度，讓別人知道你願意幫助他們。別關上辦公室的門，多多四處走動，並安排開放的辦公室時間。用自己的風格讓人明白你很好親近。
- **替有需要的陌生人擬訂計畫**：如果你對公眾同樣採取「不關門」政策，就要準備好應付有需要的陌生人，尤其是在非正常的工作時間。擬定一套應對計畫，並訓練員工照做。
- **慶祝新故事**：有一天晚上，我比較晚下班，桌上電話突然響了。接起電話後，我驚訝地發現，原本應該接到客服中心的電話號碼，已經被轉到我這裡來了。來電者遇到一個急迫的問題，我一邊聽，一邊盡責寫下他要投訴的具體內容。當時我完全沒讓那位先生知道，他正在對營運長說話，而不是客服代表，也沒說已經超過我們的上班時間了。我一整理好所有資訊，就走到客服中心，把這張手寫筆記放在客服中心主管的桌上。客服主任是我的直接部屬，我希望藉著自己慎重處理這通電話，向全體客服人員表明，我真的很重視他們接聽的每一通電話。

歡迎他人伸出援手

在聖雅各之路上，許多朝聖者都會面臨需要幫助的時刻，聖雅各之路也會教朝聖者欣然接受幫助。有些朝聖者需要別人幫忙展開聖雅各之路，來自美國的裘蒂分享她的故事：「看在我勇敢問她去不去的份上，我朋友就和我一起去走聖雅各之路。這不是我平常會主動去做的事。多虧問了她，我們倆的人生都有所改變，我覺得好幸福。」

有些人則需要別人幫忙離開聖雅各之路，來自美國的退休家具賣場經理卡蘿（Carol）

分享她的故事：「聖雅各之路教我讓別人來幫助我。我算是個頑固的施予者，而不是接受者，即使是現在也很難接受別人幫忙。不過在聖雅各之路上，我常常心懷感激。因為我是獨自行走的女性，所以許多人都會幫我。我抵達雁鵝山（Montes de Oca）時覺得不太舒服。我在校舍中找到一個床鋪，那裡只有我一個人，潮溼而寒冷。那是個星期天，天已經晚了，我冒險走去外面，只能從酒吧買一罐可口可樂和一小包薯片回去吃。隔天一早，雨勢滂沱，於是我穿上塑膠斗篷雨衣。聖雅各之路接著不是要穿越樹林，就是要爬上通往布哥斯的山丘，因為我還是覺得不舒服，就伸出大拇指等著搭便車。一個討人喜歡的年輕人開貨車經過，讓我上了車。當時我覺得好冷，他就把自己的工作手套（其中幾個指套上有個洞）給我戴，最後還要我留著帶回去。他實在好親切。他把我載到山頂，祝我『Buen Camino』。他的善意給了我繼續走下去的力量。」

以前，我一向對自己設法分析工作問題的能力很自豪。我喜歡炫耀自己查資料的創意，以及分析資料的巧思。我不想請別人幫我，造成別人負擔會帶給我罪惡感。此外，我也為了不願意和別人分享榮耀而暗自煩惱。

踏上聖雅各之路前，在華府市長手下工作時，我們負責照看歐巴馬總統的第一任就職典禮。當時，華府市長負責確保整個城市準備就緒，能夠應付前來參與典禮與遊行的大批人潮。歐巴馬總統就職典禮那天，來了大約一百八十萬人，在華府史上創下出席人數最高紀錄。我在這場典禮扮演協辦角色，透過這個角色我才明白，自己以前不願求助的態度是多麼短視。我們之前聽到謠傳，說將有幾千輛包車載觀眾到典禮會場。因為維安管制區將拉起封鎖線，會把整個市中心封起來，所以如果謠言屬實，他們就會被要求折返。這表示，數萬名搭好幾小時巴士來華府見證歷史的美國人，到時候將卡在巴士的車陣中動彈不得。這些特地來觀禮的人無法用肩膀架高孩子，站在國家廣場上見證歷史，他們甚至連電視也沒得看。我們絕對不能讓這種事發生。

我的任務就是評估傳聞的真實性，然後想出對策。我找到的資料之詳盡，連我都不得不佩服我自己。我追查一些估計資料，了解華盛頓特區至今應付過多少巴士，以及全美總共有幾輛巴士。最後我向副市長丹（Dan）總結說，我不知道有多少巴士打算要來，不過那些巴士到時肯定是個問題。

丹聽了露出微笑，說：「何不直接問他們呢？聯邦政府肯定有人負責管巴士，只要找出是誰，再請他用電子郵件寄一份清單給你就好了。」我想都沒想過要這麼做，聯邦主管機構的人有什麼理由，要幫一個素昧平生的市府小職員？

我們打電話給聯邦主管機構，說明我們的疑慮後，他們馬上答應幫忙。他們很快就寄來全國所有包車公司的電子郵件地址，接著我們發郵件給每一家包車公司，查清楚到底有沒有數千人要來華府。結果是真的。於是我們擬訂一套全面計畫，安排國民兵封閉市中心數百個街區，把那些街區變成臨時巴士停車場，同時方便乘客步行抵達會場。計畫拍板定案後，我們就用電子郵件把交通指南傳給包車公司，後來他們也照做了。就職典禮當天，每一輛巴士都開進了臨時停車場，每一名乘客都回到正確的巴士。危機解除。

在聖雅各之路上，我沿著小徑行經許多寂靜的鄉間小村莊。有一天，我在一座寧靜的小鎮停下腳步，到鎮上的小餐館吃午餐。當我坐在窗邊吃三明治，窗外唯一的生命跡象，就是屋前陰涼處坐在塑膠椅上的三個老男人。他們看起來不是在交談，也沒做什麼事，只是坐在彼此身邊，看著一個個朝聖者經過。我想比起獨自在家看電視，那大概是一種更好的消遣。

有一群剛用完餐的朝聖者正離開小餐館，起初他們四處尋找黃箭頭[1]，後來遍尋不著，就決定往左邊走。沒想到陰影下三個男人馬上大喊出聲，比手劃腳，試圖引起那群朝聖者注意。三個男人手指另一個方向，向他們示意該怎麼走回聖雅各之路。那群朝聖者停下來道謝，然後按照三個男人指示的方向走。老男人揮揮手送他們上路，還說了聲「Buen Camino」道別。

三個男人反應速度實在太快了，我猜想他們大概經常這麼做，隨即我又意識到，他們其實不只是看著朝聖者經過，而是在等待這種引導迷途朝聖者掉頭的機會。他們坐的位置非常完美，對街就是鎮上唯一的小餐館，所在的角落更是畫上黃箭頭的理想地點，通常像這樣的轉角往往都有一道指示方向的箭頭。我內心有個多疑的聲音納悶道，這三個男人莫非故意坐在前面遮住箭頭，好讓別人需要他們幫忙？

幾分鐘後，我吃完三明治，走出餐館外也開始找箭頭，找來找去找不到，我接著故意走錯路。三個老男人果然再次迅速反應，手指另一個方向要我走。我向他們道謝後，他們又祝我「Buen Camino」。我不禁微笑，想著他們進行這套儀式，不知已經有多少次了。

繼續上路後，我從那段互動開始思考自己在職涯上如何助人，又如何接受幫助。我很愛給建議，我覺得別人找我提供意見，表示他們敬重我。這能激勵我的自尊心，讓我覺得自己

1 譯者注　聖雅各之路沿途繪有一系列指示行進方向的黃箭頭，是自古以來的朝聖文化。

有用。

但反過來說，我這才發現自己不常請別人給我建議。如果有件事我不懂，我寧可獨自理出頭緒，也不願意顯露自己的弱點，就是不願意麻煩其他人。不僅如此，如果別人不請自來給我建議，我往往會心生防衛，把對方的話視為批評。我一點也稱不上欣然接受他人幫助，總是拒人於千里之外。

我腦中靈光一閃才發現，**我應該更坦然接受別人幫助**。如此一來，**我不僅能從這些幫助中獲益，也能和幫助我的人建立更強有力的關係**。這個幫我的人就是在為我的成功投資。我可以給對方自我讚美的機會，以及我所得到的價值感。光是讓別人對我提供協助，就意味著我也贈送對方一份禮物了。

聖雅各之路的領導課

歡迎他人伸出援手

- **找出幫手：**找出能幫你的人，找出激發他們幫你的動機，並想一想如何請求他們伸出援手。在某些情況下，你唯一能指望的就是他們的慷慨精神，不過通常都可以找出其他動機。舉例來說，副市長在包車危機中就預先料到，那家聯邦主管機構其實很想在就職典禮參一腳。對方是一家小機構，想必會很希望能利用這個難得的機會，吸引即將上任的歐巴馬政府注意。
- **請求幫助：**軟弱的領導人很怕接受幫助，他們擔心一旦接受幫助，就表示自己不夠格勝任這份工作，還把別人的提議協助視為投下不信任票。別當個軟弱的領導人，敞開心胸，接受幫助。要鼓勵別人幫你，也要向組織各部門徵求好主意。有了別人幫忙，你的工作表現才能更好，更重要的，你也是在為其他人示範這種行為。

- **坦然接受幫助：**讓團隊夥伴知道你期望他們敞開心胸，坦然接受他人幫助。把這一點明確當成夥伴的目標，並要求他們充實這項技能。
- **照做並致意：**請求幫助很好，但如果你不照人家的建議做，看起來就會很假。不只要感謝幫助你的人，如果對方的幫助確實管用，事後也要給予回饋。

第5章

時時活在當下

作者在聖雅各之路上。

在聖雅各之路上，朝聖者必須經歷各種變幻莫測的時刻，因為疲於應付無窮無盡的突發狀況，所以不得不「活在當下」。來自澳洲的朝聖者黛比（Deb）這麼描述她的體驗：「所謂行走，就是觀看並聆聽坐在車上時無法感受的事物。聆聽周遭的寂靜，感覺靴子底下朝聖小徑的土地起伏，品嚐嘴脣上冒出的汗滴……我們把自己擁有的一切視為理所當然，忙到沒時間抬頭看看天空，看看雲朵的形狀。停下腳步，感受風吹拂過臉龐，或陽光照在皮膚上的溫暖。一個人走進森林裡，聆聽鳥鳴婉轉，還有涓涓小溪的水聲，然後在樹林蔭蔽下感受空氣的涼意。獨自行走，你才會開始注意到這些東西。」

我第一次讀到「活在當下」這種價值觀時，心裡還是存疑，總覺得這聽起來老套又淺薄，應該印在汽車保險桿貼紙上才對，不該出現在我的朝聖護照上。雖然我已經做好準備，要和聖雅各之路宗教的一面和平共存，現在卻又遲疑，覺得自己低估了它的「新時代嬉皮精神」（new age hippie-ness）。但過了不久，我就體會到這句短語真正的威力，而且發現身為領導人的我，或許也能利用這個道理，只要找到實踐方法就行了。

屏除大規模分心武器

在聖雅各之路上，許多朝聖者都必須盡量少用電子行動裝置，我想不起自己走在路上的那一個月裡，有哪一次聽到其他朝聖者的手機響過一聲。不少朝聖者會事先關機，有些是為了避免增加漫遊費用，有些是為了避免分心。來自加拿大的退休政府高階主管羅寶妲（Roberta），把聖雅各朝聖之旅當作一種機會教育。她說：「陪我幾個孫兒一起走特別重要，他們必須把平板和 iPhone 留在家裡，全心接納這趟旅程。他們還學到，即使過程很艱辛，仍然非撐下去不可；一旦你在路途中停下來，就沒有食物、沒有睡覺的地方，也沒有任何人來幫你解決這一切。」

踏上聖雅各之路前，我工作時一向把手機轉成待機狀態。事實上，我在皮帶上束著兩支手機，一支用於工作，一支用在私事，這讓我看起來就像扮成蝙蝠俠的書呆子。在大部分的會議上，我把這兩支手機放在桌面上，方便隨時查看新的訊息通知。我可以說是已經訓練有素，一聽見微乎其微的嗶嗶聲或嗡嗡聲，就會馬上拿起手機查看。我覺得自己有夠重要，得隨時讓別人聯繫得上我才行。畢竟我很重要，其他重要人士也許會想要聯絡我。

我不是唯一有手機上癮症的人。如果我在任何大型會議上環顧四周，至少可以看見幾個人沒那麼專心開會，反而把大部分心思放在手機上。

下班後，我也喜歡把耳機連上手機聽點東西，以防其他人跑來打擾我。因為有時候經過一整天開不完的會議下來，我只想暫時停止交談，自己好好休息一下。雖然我聽有聲書或播客（Podcast）時，常常把音量調低，以免聽不見別人對我說話，但白色小耳塞仍是我可以躲避打擾的掩護。

我規劃聖雅各朝聖之旅時，也把手機上癮症列入考量，這將是我第一次徒步一個月之久，我擔心自己在路上會覺得無聊。我算一算，如果自己每天在小徑上走八小時，持續三十天，就表示我在徒步期間將有二百四十個小時的空白時間，必須自己找點樂子。因為騎腳踏車或跑步時，我都喜歡聽有聲書，所以我在手機裡存了一大堆有聲書，而且內容越長越好。我對同時完成兩件事感到很興奮——一邊走聖雅各之路，一邊消化我的閱讀清單。

我踏上聖雅各之路第一天，手機是開機了，但我決定過一陣子無聊時再聽有聲書。後來直到走完聖雅各之路全程，我耳機連戴也沒戴過一次。

把那雙防護罩留在口袋裡不用，改變了我的聖雅各朝聖之旅，讓我一路上很容易就和其他朝聖者展開對話。我和其他朝聖者有一種共同默契，可以用簡單的開場白打破僵局，例如：「你今天從哪裡開始走？」「你今天晚上住哪兒？」我就是靠這種單純的交流方式，在小徑上認識數十個朝聖同伴。許多像這樣自我介紹的契機更開花結果，演變成長久的友誼。我結束徒步後那幾年裡，又到歐洲一些國家旅行過幾次，就是為了拜訪在聖雅各之路上結交的朋友。其中有一段特別的情誼，把我的生命變得更美好。

我一想到當時如果戴上耳機，聖雅各之路可能會變成什麼樣子，就不寒而慄。如果因為我看起來不想認識新朋友，而錯失了某一次的互動機會，我的人生因此變得更糟，這樣說真的一點也不誇張。

聖雅各之路的領導課

屏除大規模分心武器

- **要有自覺**：當你在會議或交談過程中查看手機，就是在發出無禮的訊息：「雖然我甚至不知道誰正在手機上博取我的注意力，但我知道，注意他們比注意你們重要多了。」
- **設訂「不分心」政策**：在會議上當個嚴守「禁止使用電子行動裝置」的捍衛者。如果出席者需要用行動裝置，就應該婉轉告辭，離開會議。你要在自己主持的每一場會議上，清楚傳達這項期望。
- **實施「不分心」政策**：訂了政策卻不實行比沒訂政策還糟糕。設法貫徹實施這項政策。想一想預防措施，例如：開會前沒收出席者的手機。也想一想實踐方法，例如：用大家都能接受的方式點名不守規定的人。而且你可以直言不諱——「請到外面用手機，等你有空再回來開會。」你也可以用比較輕鬆愉快的方式表明要求，或表達得含蓄一點，例如：在會議上挑出被手機分心的人提問。

- **示範「不分心」政策**：以身作則。不僅是自己主持的會議，在自己出席的所有會議上，都要恪守「不用手機，不被分心」的原則。大家一定會注意到你示範的榜樣。
- **提倡「不分心」政策**：等你的政策能確實發揮作用後，就可以把相同政策推廣到整個組織。你要宣揚這項政策的效用，並蒐集關於「實施前、實施後」的事例或感想，來幫組織落實這個計畫。可以邀請外人參與你們的會議，觀察這項政策帶來的正面效應，也可以寫文章談談你的經驗。

拋開計畫，享受旅程

聖雅各之路教會朝聖者抬頭看看四周，體驗整趟旅程，別只顧著抵達位於聖地牙哥康波斯特拉的終點。朝聖者徒步數百英里，穿過鄉間的明媚風光與數十個小村莊，一路上經歷許多樂趣與疼痛。過了一陣子，聖雅各之路就把朝聖者累得通體舒暢。

來自美國的朝聖者潘（Pam）這麼解釋：「聖雅各之路教會我，**每天都要接受當下出現在眼前的挑戰，雖然人生有時充滿考驗與痛苦，但我們仍然不能忘了『抬頭看』，認清周遭美麗事物的存在**。我走在聖雅各之路上時，西班牙北部正逢酷暑，我的腳還長水泡。有時候，丘陵與高山看起來形同一項令人氣餒的任務，接著我會抬起頭，想著『哇，看我周圍的風景多麼美麗。』這就是我學到的道理……**如果我們專注在考驗帶來的痛苦上，或擔心接下來可能發生的事，卻沒能認清身邊的美景與愛，就會錯過生命中真正重要的事**。」

來自加拿大的公關專家瓦樂麗（Valerie）走過兩次聖雅各之路後，也學到這個道理，她說：「兩次旅程都教會我放慢腳步，並確實看見、體驗周遭的事物，而不是一整天、一整個星期，甚至一整個人生都匆忙趕路！聖雅各之路也教會我敞開心胸，接納它教給我的各種道理，包括：耐心；事情不會永遠照計畫走；即使大家肩並肩走過相同路線，每個人在聖雅各之路上獲得的經驗或教訓，仍然各自不同——其實很像真實的人生☺。」

來自紐西蘭的珍珠則學會，**不死跟著計畫走，要專注在體驗上**：「有好幾個星期的時間，我膝蓋受傷還是繼續走，而且一天比一天還痛……就在這一天，我女兒告訴我，我們今天不走了，必須搭巴士到下一個小鎮。最後我只能勉強同意這個決定。那天早上我們窩在睡袋裡沒起來，聽著門外每個人喀哩喀啦走來走去的腳步聲。我真的很沮喪，本來計畫好要整天走路的。後來我勉力爬上樓梯吃早餐，我們坐在餐廳角落裡。我在桌邊喝茶，眼淚撲簌簌淌下來，這時一個高大的義大利自行車手走過來，大大擁抱我一下。他一邊指著自己打過石膏的膝蓋，一邊說『有問題』。接著豎起幾根手指，表示（我猜啦）他花了幾天才終於拆掉，然後說『沒事，不要緊』。他最後用龐大的身軀再抱我一下，就離開了。他這麼做當然讓我哭得更厲害，但不再只是自憐而已。從那時候起，只要發生意料之外的麻煩，我們就說聲『不要緊』。現在回家了，我再也不為小事瞎操心。我只是不斷告訴自己，即使今天的軌道轉了個不同的彎也不要緊，我們總會發現它通向何方。我現在能輕鬆看待很多事，不再為芝麻小事苦惱，並了解人生中的旅程可能意外變化，但那也不要緊……先把握眼前的每個機會，再來想辦法搞定！」

我在歐巴馬第一次總統就職典禮期間，在華府市長辦公室工作的經驗，也教會我拋開計畫，抬頭看看，體驗整個過程。這場典禮需要大量事前計畫與準備工作，華府上上下下所有人都動員起來，以確保當日流程能順利應付史上最多觀禮人數。我花了很多時間在這項專案的核心活動，不僅幫忙協調，也協助市長隨時掌握準備進度。在就職典禮前後那四十八小時裡，我都待在華盛頓特區緊急指揮中心，跑來跑去，不斷確認計畫是否如實運作——至少在我被「噓」一聲制止前是這樣。那個人也算很有種，敢「噓」我這個市長辦公室來的人，但我很快就意識到他是對的。我的視線離開現場不斷傳來的交通流量，轉向上方看著電視，美國歌星艾瑞莎．弗蘭克林（Aretha Franklin）正在就職典禮上獻唱呢！緊急中心裡的每個人都目不轉睛地盯著電視，許多人眼裡還泛著淚光。多虧那一刻，我們才能切實看出這場典禮深具歷史意義的本質。是啊，我們是有一個必須遵守的計畫，但也必須記得抬頭看看，像個人類去體驗一切。我覺得有點慚愧。

我徒步或騎腳踏車旅行時，經常看地圖。我完成的路線大多都設有路標，從較少出現的指示牌，到在樹上簡單畫上一撇都有。但從其他路線上迷失方向的不愉快經驗中，我學會不能單靠看路標，有時路標可能不見了，有時我可能沒看見路標，於是多多查看地圖變成我徒步和騎車時的第二天性。

然後，我遇見聖雅各之路，這是我這輩子經歷過最容易依循的路線。一路上標示得非常清楚，不只有正式的指示牌，還簡單畫上許多黃箭頭輔助。除了跟著路標走，我也可以跟著自己的感覺和常識走。我在鎮上想通了，朝聖小徑通常沿著主要購物路線行進。當我不確定該往哪裡走，就會抬頭看看我前面有沒有其他的朝聖者。

我發現自己不必老是埋頭看旅遊指南的地圖後，就開始有了不同的體驗。最後我依循的正是當初計畫的相同路線，卻不必一直抽出旅行計畫書來看。偶爾有一兩次偏離計畫都是我有意為之，因為我決定跟著朝聖同伴形成的人潮走，而不是緊緊跟著自己的計畫走。

只要抬高視線，遠離寫在紙上的計畫，我就能體驗到更多。每天我只專注於抵達預定的目的地，並跟著人群和路標走到那裡。我知道，只要我每天達成一個小目標，就能達成完走朝聖小徑的更大目標，然後搭機飛回家。聚焦在目標上讓我覺得好自由。我常看著自己在聖雅各之路上拍的照片，像是餵驢子、看牧羊人引導數百隻羊組成的隊伍，或是看一個修女即興演奏吉他。真不知道如果當時我只顧著低頭看地圖，而不是抬頭看外面的世界，手中有多少照片就拍不成了。

聖雅各之路的領導課

拋開計畫，享受旅程

- 為體驗做計畫：如果你有一個專案計畫，就要指出該在哪些時間點，為了體驗專案周遭發生的事，而投入更多的時間。這些時間點可能是假日，或組織中其他重要活動的日期，這可以當作專案的關鍵查核點，每當遇到查核點，就可以自然展開慶祝或反思。在專案中規劃好這些時間點，你就不會錯過了。
- 預留緩衝空間：某些有意義的經驗無法事先預料，偶爾會出現令人驚喜的好消息，遇上意外的考驗也能設法克服。不論那是什麼樣的經驗，你都要在專案計畫中預留緩衝時間，才能因應計畫之外的中斷，又不至於要冒著趕不上期限的風險。

- **創造分享經驗的管道：**成果、達成途徑、風險和專案計畫的其他部分，向來都是組織團隊會議時要考量的東西，但光憑這些東西來組織會議，可能會扼殺分享經驗的機會。可以在議程中多列一個項目，讓大家分享自己學到的道理和其他經驗。

掌控你的行事曆

典型朝聖者會分別設定開始與結束聖雅各之路的日期，但每一天的行程仍然保持彈性。許多朝聖者都會漸漸發現，暫時跳脫他們在職場上習慣的生活模式，能夠帶來一種解放的感覺。來自美國的貸款經理凱特（Kat）這麼解釋：「我的工作量密集、工作壓力大，明明每天平均要工作十六小時，卻常常不知怎地一天就過去了。在聖雅各之路上，每天早晨起床後我知道，我唯一要操心的就是如何從A點走到B點——這實在太令人興奮了！」

來自愛爾蘭的軟體開發人員史帝夫（Steve）則認為：「聖雅各之路的宗旨就是回歸基本生活。在拂曉時分起床，準備踏上當天的旅程，途中找間小餐館，吃一頓充滿碳水化合物的早餐。然後抵達當天的目的地，先入住庇護所，小睡一下，再吃頓晚餐，上床睡覺。日復一日做同樣的事情。那些日子如此簡單而美好，現在窩在家裡當三個孩子的爸，實在差太多啦！」

踏上聖雅各之路前，我的工作行事曆根本就失控了。整個機構的員工，大約有四分之一在我領導的部門工作，因此我常常要代表我的團隊出席許多會議。每天晚上下班前，助理都會印一份翌日行事曆給我，上面往往排滿了整天的會議，有時甚至同一時段預定了兩三場。因為這些會議一個接一個，所以往往前一場會議耽擱了，我在下一場會議就會遲到。我的生活看起來就像搶椅子遊戲[1]與尋寶遊戲[2]的綜合體，我每隔一小時就必須從椅子上站起來，然後找到另一個房間的另一張椅子，坐下來開另一個會。

除了行事曆影本，底下一定還有裝著厚厚一疊紙的資料夾，這些就是每一場會議要使用的資料。不但我日間工作的每一分鐘都預先計畫好了，每天夜裡還要讀完這些回家作業，才能為隔天每一場會議做好準備。

行事曆已經變成我的老闆了；事實上，這可說是我遇過最愛搞微觀管理的老闆。如果有個人類老闆跑來管我每分鐘該做什麼事，我一定乾脆找份新工作、換個新老闆，偏偏我現在作繭自縛。

聖雅各之路的每一天都充滿活動，卻從不詳細規劃每分鐘該做什麼事。我知道自己的終極目標（聖地牙哥康波斯特拉），而且每天都訂有一個小目標，確保我能實現最後的目標，但我並不是把每一天都劃分為很多個三十分鐘的時段。我隨著太陽升起展開一天，只要有需要或有機會，我就停下來休息或用餐，不必受限於時鐘指針顯示的時刻。跳脫每日行事曆失控而瑣細的桎梏後，我終於能更完整體驗一天的旅程。如果我吃午餐時遇見有趣的人，就可以隨心所欲逗留一陣子；如果我欣賞眼前壯闊的美景，也可以從容不迫掏出相機，拍夠了照片再走。我可以掌控自己的時間。

1　譯者注　遊戲參與者隨音樂繞著椅子轉，音樂一停止就要搶椅子坐，因為椅子永遠少一把，所以每回都有一個人搶不到座位。

2　譯者注　遊戲參與者要在時間限制內，找出手中清單上的所有物品。

對領導人來說，時間是最有限的稀少資源，因此領導人要聰明運用自己的時間，就如同運用其他資源那樣。**如果領導人變成行事曆的奴隸，就要把當前的行事曆砍掉重練，才能奪回主控權**。

領導人不僅要提升時間管理能力，也應該意識到自己會成為整個團隊的榜樣，不管他如何改善個人行事曆的管理方式，都可能引起其他人效法。

聖雅各之路的領導課

掌控你的行事曆

- **分辨「必須出席」的會議**：這些是你必須參加，而且只有你必須參加的會議，包括你和老闆，以及你和直接部屬的一對一會議。此外，也包括那些你基於職稱，必須在過程中行使職權做決策的會議。想辦法改善這些會議進行的效率，可以考慮縮短開會時間或減少開會頻率，也可以觀察是否「順道拜訪」或回撥電話就夠了。

- **管理「必須代表出席」的會議**：這些是你受邀參加並以間接方式（例如：列席、予以批准）代表組織利益出席的會議。找出少數幾個你想密切參與的重大會議，並持續出席那些會議。至於其他會議，就請團隊中最優秀的幾個人代表你出席，並設法平均分配這種代表任務，或讓他們輪流出馬。大部分代表都樂見自己有更多亮相機會，你要對每一個代表設下期望的標準，說明他們應該如何代表你，並釐清你授權他們做哪些事，他們又該如何確保讓你掌握詳細情況。
- **管理「其他」的會議**：這些是行事曆上不請自來的會議，卻不是你的「必辦事項」。分辨其中哪些會議浪費了你的時間，設法在未來直接篩除。
- **重新投資空閒時間**：將你明智省下的時間妥善運用，可以去找那些你在會議上不常遇見的人，或與其他利害關係人建立關係。要把這些時間變成「思考」專用時間，別再用其他新的會議消耗掉了。

- **重設並測試行事曆：**重設行事曆，並在一段測試期間實施看看。向大家表明，你會檢視新的行事曆運作效果，若有必要會取消派代表開會。定期檢視你的行事曆，若有必要就重新調整。

第6章

樂於與人分享

伊拉切酒莊（Bodegas Irache）的免費酒泉。

聖雅各之路教人懂得與其他朝聖者分享的價值。朝聖者的財產僅限於一個背包能容納的東西，也許正是因為物質財產少之又少，所以這些財物看起來也沒那麼重要了。於是，分享成了一種反應，一種習慣。

關於分享，來自美國的朝聖者喬安，在聖雅各之路上學到很重要的一課：「前往聖雅各之路前幾個月裡，我夢見自己在聖雅各之路上遇到一個男人，因為他膝蓋受傷了，所以我把登山杖給他。因為我手臂動作不便，所以我從來不用登山杖，但做了那個夢之後，我還是帶著兩支登山杖出發。後來我在聖雅各之路上遇到兩個人，其中一個傷了膝蓋，問我知不知道登山杖要去哪裡買。我告訴他我做的夢，說他可以收下我的登山杖，那個男人一聽就掉下眼淚，又為自己哭了而向我道歉。他朋友本來在店裡買咖啡，出來看到就問我怎麼了，我說我把登山杖送他了。這個朋友聽了告訴我，那位收下登山杖的先生在幾個月前妻子亡故，從那之後一直沒哭過，接著他向我道謝，說我幫他朋友為妻子展開最後的哀悼。幾天後，我又遇到他們，我送過登山杖的那個男人告訴我，他覺得彷彿已經卸下肩膀上的重擔了。我很高興自己努力背著登山杖走了大約幾百英里，才能學到一堂這麼美妙的分享課。」

來自美國的凱特則用另一個例子說明分享的威力：「我第一次走聖雅各之路時，遇見一個正在努力面對喪兄之慟的男人，他付出很大的代價才得以踏上聖雅各之路——包括金錢，以及遠離他的妻子和子女。他身上只剩下最後幾美元……而我隔天就要離開。我真的就脫下身上的Ｔ恤送他——我那件超級舒服的『幸運』Ｔ恤（我爸贊助的），也給了他我口袋裡所有的歐元。我沒多想這件事，換作他也會為任何人做同樣的事。他心懷感激，也很謙遜，不過最重要的，他是個和我分享許多故事與想法的大好人。我會永遠記得他，他是我在旅途中遇過最喜歡的幾個人之一。」

我第一次讀到分享的價值觀時，雖然覺得很適合當作聖雅各之路的精神，卻不知道這和旅途結束後的人生能有什麼關聯。在努力取得ＭＢＡ金融主修文憑的過程中，我學到的更多是談判的藝術，而不是分享的快樂。我把商業世界的人生視為一種零和遊戲：我必須比另一個人得到更多才能贏。我已經做好準備，要在聖雅各之路上那一個月裡拋開這種心態，隨遇而安，與人分享。我僅有的財產通通在背包裡，都是為了那個月所準備的東西，因此我也沒有太多可以分享的東西。正如我所料，分享在聖雅各之路上是一種自然而然的行為，但我沒料到的是，我竟然也能找到方法，把分享精神整合進後聖雅各之路的商業世界。

找出有用的贈品

有些朝聖者發現，分享不只對給予者有益，也對接受者有益。來自荷蘭的高階主管教練彼特，從聖雅各之路學到有益個人事業的寶貴一課，他說：「現在我分享一切我知道的事。我的商業模式改變了，你可以擁有我已經發表的一切知識，並加以應用。只要我認為幫得上你，我就會主動提供資源，或者你也可以找我要，我會和你分享。除非你希望我本人親自參與，我才會向你請款。」

來自英格蘭的醫佐員麗莎（Lysa），優雅地總結自己在聖雅各之路學到的分享課：「在聖雅各之路上，每當你把某些東西給出去，你的背包就會變得輕一點。」

踏上聖雅各之路前，我這輩子第一堂真正的領導課，就發生在我攻讀MBA時加入的學生會。我當了一年的學生會長，大學內部十二間研究所與專業學院的所有學生，都由我統一負責代表。這對當時的我來說，是個舉足輕重的角色，我必須代表超過一萬名學生，並管理超過十萬美元的經費。我從那個角色中學到不少關於領導的道理，其中有一個道理，在我踏上聖雅各之路再次看到後，變得更加清晰了。

我們學生會最大的目標，就是為全體學生爭取專用的社交空間。雖然在十二間研究所與專業學院中，分別都設有自己的學生會與活動空間，卻仍沒有方便全校學生交流的共用空間。我們認為這是一項有待開發的潛在機會，可以幫助身為學生會選民的莘莘學子。研究所生活可能十分寂寞，對那些參與小型計畫或住得離家比較遠的同學來說，尤其如此。我還記得有個工程學院的學生，告訴我他是怎麼孤伶伶待在實驗室熬夜一整晚，等著在一片弧形金屬斷掉時記錄下來。共用社交空間就可以幫助像他那樣的學生。身為ＭＢＡ學生，我也把這視為一種商機。本校所有研究所在各自的領域都獲得極高的評價，在我看來，共用空間宛如一個創新實驗室，來自商學院的學生可以和醫學院和工程學院的學生交流，新公司也可能就這樣成立了。

我回到校園參加第二十屆同學會那天，有人邀我去研究所學生會領袖的聚會。那場聚會辦在研究生中心，正好是第十三屆年度聚會，場面比我想像的更盛大、更熱鬧。猶記得我在學生會工作時，我們必須投入大量經費去精心設計一些活動，免費提供食物、茶飲、贈品和娛樂，才能吸引各學院的學生前來彼此交流。活動一結束，學生就只能各自回去自己的學院，因此在平常生活中，看不到跨學院增加交流活動的跡象。我好奇問研究生中心聚會成功的祕密，答案簡單得出乎我的意料之外：「免費咖啡。」

聖雅各之路穿過西班牙東北部美麗的葡萄酒產地：里奧哈（Rioja）與納瓦拉（Navarra）。我從星星鎮（Estella）走到弓箭鎮（Los Arcos）那天的重頭戲，就是某家葡萄酒廠專為朝聖者設立的酒泉。朝聖者不必付任何費用，就可以自由轉動龍頭取用美酒。這座酒泉地處偏僻，足以令朝聖者以外的人望之卻步，而且入夜以後就上鎖。酒泉使用守則張貼在招牌上，上頭寫著這段詩句，用西班牙文唸起來更動聽：

使用守則

我們開心地邀您飲用酒泉，
但是記得不要浪費。
如果你想帶走我們的酒，
只希望你好好珍惜。

我抵達酒泉後卸下背包，決定休息一下。我將水壺裝滿可口的紅酒，然後繼續休息，一邊啜飲著紅酒，一邊看著其他朝聖者慢慢出現。許多人簡直不敢相信那是免費的，我看到的人也都沒浪費那些酒。

光是一杯免費紅酒就能大大振作我們的精神，真是神奇，接下來幾天裡，這件事也成為我和眾多朝聖者津津樂道的話題。此外，酒廠供應提神的紅酒也是對朝聖者的肯定，表示欣賞我們正在做的事。這不只是當天朝聖者徒步路上的重頭戲，也是他們停下腳步認識彼此的好機會。

我喝完酒，又回到小徑上，這時我受過 MBA 訓練的頭腦動了起來。那家酒廠花了多少錢做這件事啊？他們這麼做又能得到什麼好處呢？

我一邊開始拼湊事情的來龍去脈，一邊想著，酒廠要負擔的成本一定低得微不足道。酒泉就只是嵌在其中一間製造廠或配送廠牆上，表示他們不必為配送紅酒支付額外的物流成本。雖然紅酒很好喝，不過八成是他們最便宜的酒吧。

我接著思考酒廠獲得的好處，這才明白他們獲得的可不只是商譽而已，還能大幅提升品牌曝光率。許多朝聖者都會替酒泉拍張照片，分享這段故事。酒廠甚至裝有即時網路攝影機，只要上網就能看到朝聖者飲用酒泉的樣子，更進一步宣傳了他們的品牌（伊拉切酒莊）。不僅如此，有些朝聖者出書談論聖雅各之路時，也會在書中提到這家酒莊。

離開聖雅各之路後，我開始思索還有哪些情況下，公司能藉著贈予低成本的東西，為接受者創造出很大的價值。然後，我想到職棒——大聯盟棒球員丟球給場外年輕球迷的時候。雖然對球隊來說，這顆球無足輕重，但一經過大聯盟球員之手，就成了無價的紀念品。

聖雅各之路的領導課

找出有用的贈品

- **找出祕而不宣的價值**：許多組織不願透露對自己沒什麼成本或價值，卻深受顧客或利害關係人重視的東西。其中有些比較具體的，像是過剩的產品、不良品、用過的材料或副產品；有些則可能是某種經驗，像是參觀生產過程，或是了解某條產品線的歷史。為組織評估祕而不宣的價值，考慮和其他人分享吧。

- **找出贈品能促進的目標：**如果你有個很難實現的目標，就可以考慮把贈品當作新戰術。比方說，如果你在組織中創造更多跨部門交流，就可以提供特定事物，吸引所有部門的員工聚在一起。以我的某項工作為例，公司會提供免費的手足球機（桌上足球檯），那就是方便大家跨越團隊界限互動的熱門場所。其他公司則出於同樣或其他的理由，為員工供應免費的點心或食物。
- **最大的肯定：**領導人可以給予一項既免費又取之不盡的寶貴資產——肯定。你幾乎不必費什麼力氣，就能告訴別人你欣賞他們的工作表現。可以在組織中建立一些管道，促進自由肯定彼此的風氣。你要立下肯定他人的榜樣，把這當成期望屬下做到的目標，並創造行動的機會。只要你是真誠分享自己的肯定，就不至於做得太過頭。

與他人分享

分享這一件事，在聖雅各之路上的感染力會漸漸變大。通常，當某個朝聖者和另一個朝聖者分享，其他人就會加入他們。

來自比利時的漢斯解釋：「走路時會分享很多東西，我們不只分享故事，也分享食物。每個人都提供一點自己的食物，加在一起就成了一頓大餐，或至少感覺就像大餐。」

有些朝聖者就和來自澳洲的賴瑞（Larry）一樣，在離開聖雅各之路後，仍然繼續發揮分享的精神：「離開聖雅各之路後，我發現幫助他人、傾聽他人，以及與他人分享，都是很快樂的事——就像我們在聖雅各之路上那樣，這就是我們當時做的事，但**聖雅各之路是一段生命之旅，不只是走路而已。藉著和他人共同生活、與他人分享，我們更能享受自己的人生之路（Life Camino）。**」

我從加州搬到華盛頓特區後，離我踏上聖雅各之路大約幾年前，我正在找機會擔任志工，並希望能藉此參與社區活動。我發現有不少選項是個人提供服務，像是為小朋友提供家教或輔導。不過我也想要接觸人群，所以決定參加一個名叫羅盤（Compass）的團體。羅盤是一個組織，專門招募有顧問背景的人，來為當地非營利組織提供無償專業諮詢服務。我很喜歡羅盤把我們組成一支支團隊，而我加入的那支團隊，專為服務西語裔社區的非營利組織提供協助。我們幫他們建立一套籌募資金的新策略，最後這項專案為客戶帶來豐碩的成果。

從另一個角度來看，這項專案也可以說讓我大獲成功。至今已經過了十年，我依然和那支諮詢團隊的夥伴保持聯繫。雖然身為收費顧問，我在職涯中已經和數十個專案團隊合作過，我在羅盤團隊建立的革命情誼卻最長久。我們都為公益事業奉獻個人時間，同時又能像個團隊行動。我認為就是這一點培養出更牢固的人際連結。

有一天，我在聖雅各之路上即將完成當天行程時，停在一家小店前面，買了一些點心和一瓶土產葡萄酒，然後信步走回青年旅館。抵達旅館前，我注意到一群朝聖者正坐在公園裡，分食葡萄酒和點心。他們邀我過去，接著我們分享彼此的食物和葡萄酒，後來又有幾個路過的朝聖者走過來加入我們。沒多久，我們就辦起一場有各國生面孔出席的野餐會了。

幾年後，我仍然和那群人定期保持聯繫，還曾到加州、英格蘭、愛爾蘭和瑞典分別拜訪他們。雖然我在其他旅程中也結識過不少人，但那些泛泛之交沒半個能發展成這種長期關係。我想，正是因為我們共同擁有一段深刻的經驗，所以這段情誼才能歷久不衰。

這些經驗教我理解，集體分享的力量。當你以團體的方式分享，可以降低別人加入的障礙，也讓分享變得更有趣。

聖雅各之路的領導課

與他人分享

- **把團隊活動變成公益活動**：我工作過的一些組織會提供一天休假，讓大家從事一些有趣的團隊活動。從激流泛舟、逛遊樂園到滑雪，我在那些活動中獲得不少有趣的經驗。其中我特別喜歡的團隊活動，就是替非營利組織仁人家園（Habitat for Humanity）建造房子，那是我經歷過結合樂趣、學習和團隊活動最完美的活動。如果你正在計畫一場團隊活動，建議你考慮以做公益為主的活動，這種活動可以規劃得很好，像是仁人家園；也有比較不拘小節的做法，像是清掃公園或淨灘。

- **讓他人有機會回報你的善意**：給你幫助的人報答你的機會，問他們願不願意頒給你感謝狀，證明你們組織回饋鄉里的貢獻。而且藉著分享感謝狀，你也能把他們的需求透露給其他潛在的貢獻者知道。

分享自我

在聖雅各之路上流傳著一句話：和某個人走上一英里（約一．六公里）後，你將知道關於他的一切，就是不知道他姓什麼。徒步穿過一整個國家這件事裡頭，總有些什麼能驅使人對彼此坦誠相待。在聖雅各之路上，陌生人在「現實世界」相遇時提起的膚淺話題，從來都沒有人過問，大家反而會分享很多關於自己的事情。大家之所以踏上聖雅各之路，通常是為了試著處理生命中的某種失落，或某種重大的轉變。當朝聖者和彼此分享自己上路的原因，其實就是在分享真實自我的一部分。

來自比利時的漢斯這麼解釋：「**把你從沒告訴過密友或親人的往事與想法，分享給你幾乎不知底細的陌生人，多少是一種解脫，你知道這些事走得更遠了，不再只是往心裡去。**」雖然在聖雅各之路上的人際關係很短暫，卻能建立在分享的基礎上。

我在職涯中擔當更重大的領導職務後，就在公司工作與家庭生活間築起一道牆。部分原因是出於保護隱私，因為隨著我領導的團隊變得更大，我就必須和更多人分享。另一個理由則是我尊重大家的下班時間，雖然我喜歡和同事的家人聚一聚，不過那往往意味著，我要在正常工作時間以外做有關工作的事，但我並不想勉強占用他人的私人時間。

我心裡還牢牢記得一個例子。我有一個團隊提議，大家在下班後找時間約出來幾次，不僅能培養團隊凝聚力，也能認識彼此的重要他人。我一向只說聲「我們可以考慮看看」，就把這種提議打發掉了。我一點也不想考慮，只希望對方打消念頭。偏偏另一個團隊夥伴帶頭支持，邀我們所有人週末到她家吃晚餐。於是我回覆邀請函，說我不能去，同時藉此釋出訊號，讓其他人知道自己不必勉強參加。我也以為這麼做能使主辦人撤銷計畫，沒想到除了我以外，當天每個人都出席了。這回我當真錯過一個大好機會。我高估了自己在場對團隊的重要性，也低估了所謂團隊對整個團隊的重要性。當時我太過自我中心，也很沒禮貌。

直到我卸下職務後才知道，組織裡一直有些人覺得很難跟我建立關係。關於自己的風評，我聽說就是一個完全以策略、數據和結果為導向的領導人。我很高興聽到人家這麼說我，但我不高興的是，我聽到人家也說，我這個人既冷淡又過度分析傾向。甚至有人告訴我，有時候我變得像是一個他們根本不認識的「知識惡霸」。

離開聖雅各之路回家後，我變得更願意分享自我。聖雅各之路帶我走出自己的殼。在聖雅各之路上，有一天夜裡在用餐時，大家突然即興合唱起來，我也用自己的破鑼嗓子熱情地跟著哼唱。雖然他們說唱得不錯，我還是很懷疑，不過我看得出來，他們覺得這對我來說已經是一種進步。後來，我也開始和朋友分享自己寫的文章，至少他們會假裝覺得我寫得不錯。無論如何，我想他們欣賞變得更樂於交流的我。我這種開放分享自我的新性格不斷增強，促成我開始為不曾謀面的各位寫這本書。

聖雅各之路的領導課

分享自我

• 分享你的「使用手冊」：和其他人一起工作越久，就越了解和我們共事是什麼情形。我們都有各自的經驗、地雷、風格和觀點，這些塑造了我們和其他人合作的方式。開始和他人合作時，與對方分享這些關於自己的資訊，就不必重蹈一段折磨彼此的學習經驗。此外，承認自己的怪癖也可以創造開放的對話，幫助同事對你坦誠以待。

• 分享個人故事：在你教導他人時，要善用自己的有用經驗。比方說，如果某人有了不好的經驗後，需要一點信心，你就能分享自己以前克服類似情況的故事。對團體演講時，可以適時利用相關的個人趣事，把工作話題融入情境當中。舉例來說，如果你正和剛來組織工作的員工交談，就可以告訴他們你第一天來上班的故事，藉此建立彼此的連結。

- **建立分享自我的管道：**建立一些你能在工作上用來連結他人的管道，諸如「不關門」政策或「開放的辦公室時間」，都會有所幫助。逼自己多踏出辦公室，在組織中四處走動，並以非正式的方式與其他人交談。如果能帶著點心之類的破冰道具開啟對話，就更好了。

第7章 感受前人精神

為在聖雅各之路上逝世的前人設立的標誌。

超過一千年以來，世人不斷走上聖雅各之路，今天的朝聖者也能感受到前人的精神。

來自美國的艾里克（Erik）說：「當我看見大教堂的石階上，有著早在我出生之前就跪在那裡的無數朝聖者所磨出的窪痕，我不知不覺就哭了。」

來自夏威夷的人類圖（human-design）導師緹拉（Tiera）記得：「我想是在薩阿貢（Sahagun）外吧，我正沿著一條古羅馬道路走。我感覺得到，甚至聽得到，那些古羅馬士兵踢著靴子在我身邊一起行進。」

來自荷蘭的社群媒體朝聖者韋南（Wijnand）總結這種感受：「任何時代、任何國家的朝聖者，肯定都能夠了解彼此。比你更早上路的人以某種方式加強了整個行動的分量。有時候，當我走在那些我知道已經使用將近十個世紀的道路上，幾乎可以感受到前人的存在。」

離開聖雅各之路後，我在去德國旅行的那一年裡，對這個價值觀頗有感觸。當時我去遊覽一座村莊，我的祖先在十八世紀移民到美國之前，貴為皇族的他們就住在這座村莊裡。我在德國的遠房親戚帶我們四處參觀時，我發現大廣場上裝飾著聖雅各之路的扇貝標誌，根據上面的銘文，這裡距離西班牙聖地牙哥二千五百一十六公里遠。後來我才知道，這座村莊正是兩條朝聖路線匯聚的所在，來自捷克布拉格般遠東地區的朝聖者，從前去聖地牙哥一向要經過這裡。扇貝標誌旁邊有個告示牌寫道，村裡的教堂歡迎朝聖者借宿，如果教堂大門上鎖了，可以找肉鋪主人借鑰匙。十七世紀至十八世紀，我的祖先一向在那座教堂受洗與舉行婚禮。我真想知道，我有沒有哪個祖先曾遇過朝聖者，並幫助他們。有哪個祖先曾渴望實現聖雅各朝聖之旅嗎？以前我一直想當然認為，我是家族中踏上聖雅各之路的第一人，但現在我不敢確定了。想到這裡我不禁莞爾。

向前人致敬

如今，在聖雅各之路上的朝聖者，會用各自的方式向前人致敬。來自美國的退休人士譚美（Tammy），分享了一段我最喜歡的故事：

「我剛在聖雅各之路沿途一家青年旅館，和其他朝聖者一起吃完一頓飯。旅館主人拿來三個瓶子，要每個朝聖者從其中一個瓶子抽出一張紙——每張紙上都寫著以下其中一種語言：英語、德語或西班牙語。每張紙都是以前住在同一家旅館的朝聖者留下的短箋，要給追隨他們腳步上路的後人。接著，旅館主人問我們想不想大聲朗誦自己的短箋。我拿到的短箋以英語寫成，但我覺得英語似乎不是原作者的母語。這位作者敘述一對夫妻的故事，他們結縭四十五年，退休後決定一起踏上聖雅各之路，但他們抵達聖地牙哥康波斯特拉前，妻子蘿拉（Lola）就去世了。於是丈夫先中止聖雅各朝聖之旅，帶著妻子的遺體回家鄉埋葬，事後再回到西班牙，接著走完剩下的路程。他抵達位於聖地牙哥的終點後病倒了，最後也去世了。作者在這張短箋結尾表明，自己就是蘿拉和丈夫的孫子，踏上聖雅各之路正是為了向他們致敬。」

踏上聖雅各之路前，我在一家大銀行工作，等到我們買下一家網路公司後，我就轉調到那裡去接掌行銷方面的管理職。因為有幾週過渡期，所以我埋首研究新團隊送來的資料，想找出有機會改善的地方，後來果真發現一個大問題。我開始擔任新角色後，就把自己天縱英才的分析能力秀出來，給團隊中負責該計畫部分的女同仁看，然後她很快就把這個問題搞定了。那個通路的收益馬上增加了六〇〇％，我覺得自己簡直是英雄。我在新角色一下子就發揮了明顯的影響力，而且一有機會我就自吹自擂，料想自己很快就要獲得升遷了。

踏上聖雅各之路第一個星期，我把這趟旅程當成一場賽跑，總是走得比大部分的朝聖者更快，也就是說，一天裡我至少超前他們一次。我聽說自己出名了，大家說我是「戴著古怪綠帽子的急走男」。有一群年紀比較長、走路比較慢的英國男人，還問我是不是「特種部隊來著」。我謙虛答道不是，心裡倒是很喜歡受到這種肯定。好勝的幹勁幫我在職涯上發展順遂，我很高興在聖雅各之路上也有人注意到這一點。

幾天後，聖雅各之路幾乎擊潰了我。我當天的旅行計畫出了一點疏忽，不得不走一段遠得要命的路程。雖然最後我完成了那段路程，不過有了這次經驗，我才體認到自己的能力有限。隔天，行程一開始就要頂著毒辣的大太陽，爬上一段把人累得死去活來的陡峭山坡。爬到差不多半山腰，我看見一座紀念碑，紀念的是一位在這裡過世的朝聖者。我需要喝點水，於是停下來休息，接著向這座紀念碑致上敬意後，就繼續上路了。雖然在聖雅各之路上，我陸續看到其他殞故朝聖者的紀念碑，不過這座碑特別在我心頭縈繞不去。我不斷想著這座碑上紀念的男人：荷塞．G．瓦利紐（José G. Valiño）。關於他，我只知道兩件事。他和我一樣，都踏上了聖雅各之路；他和我不一樣（但願如此），他從沒走完這條路。

我一邊走，一邊納悶是什麼因素導致荷塞半途殞命？他年紀多大了？體格維持得好嗎？當時天候狀況不佳嗎？他走了多遠呢？然後我開始思考，到底是什麼原因促使荷塞踏上聖雅各之路。他上路的理由是什麼？他是遇到什麼樣的事情，才會想要展開朝聖這個行動？他以前完成過其他像這樣的旅程嗎？

荷塞幫我想明白，**聖雅各之路並非一場競賽。每個人各自從不同的地方出發，也各自面對途中不同的挑戰**。最後發給朝聖者的康波斯特拉證書，並不會打上任何分數。

我開始思考自己在工作上的好勝心，光憑我做得比別人快，其實不足以證明我比別人了不起。回顧自己在銀行工作上自詡是大英雄的例子，我才發現自己完全不懂該怎麼做，才能在早期的網路空間中從零開始建立營運模式。我只看到自己起步那一刻的簡單印象，沒能理解最初建立營運模式所必須克服的艱辛。對於建立營運模式並傳承給我的前人，我沒能表示敬意，因此也沒能得到升遷。

聖雅各之路的領導課

向前人致敬

- **以身作則：**當你批評前輩，就流露出你不堪的一面，旁人會認為你在替自己的錯誤找藉口。當你必須談論前輩，請你運用自己獨特的視角，去理解圍繞他們行動當下的處境。
- **認同前輩：**為你的組織創造一段歷史，並凸顯前輩的重大成就。認同你們的歷史，可以幫助你們培養團隊情誼與團隊認同。從前輩身上找出任何你能運用的文物，並當作團隊歷史的象徵。

向前人學習

許多聖雅各之路朝聖者都會寫日記，有些甚至把日記出版。數百年來，不斷有朝聖者這麼做，有些日記順利流傳後世，並幫助我們更加理解，幾個世紀以來，聖雅各之路變與不變的風貌。如今，有些朝聖者踏上聖雅各之路前，會藉著閱讀前人留下的文字紀錄，來幫自己鼓舞士氣或做好準備。來自美國的卡蘿描述她的研究：「我為朝聖之旅做準備時，買了北愛爾蘭作家柏特．史萊德（Bert Slader）的《朝聖者足跡》（*Pilgrims' Footsteps*）。那本書真的改變了我的人生，我還寫信給柏特，我們倆變成持續超過十年的筆友，後來他把自己寫的其他書全寄來給我。一年前柏特去世了，我們從來沒當面見過彼此。柏特走過聖雅各之路幾次，在我自己踏上聖雅各之路時，他的故事一直陪伴著我。」

當我處在徒步或騎腳踏車旅行的計畫階段，心裡就興起一股冒險的感覺。一旦決定好路線和日期，我就埋頭開始計畫。因為我不想在野外紮營，所以要做很多研究，找出沿途附近晚上可以留宿的地方。只要一頭栽入路線規劃的細節，我就覺得興奮起來，彷彿已經踏上冒險之旅了。

我決定去走聖雅各之路後，就迫不及待投入旅行計畫。我在大部分職涯歷程中一直是個分析師，向來特別喜歡咀嚼數據資料。我查到一份列出沿線所有小鎮與村莊的清單，上面也標有村落之間的里程距離。我看著地圖，發現潘普洛納（Pamplona）是西班牙東部邊境附近最大的城市，於是決定從那裡啟程。一決定好旅途的起點，我就知道全程要走四百四十英里（約七百零八公里），才能到達路線終點聖地牙哥康波斯特拉。考慮到旅行的時間，我將待在那條路上二十九天，算一算，每天平均必須行走十五英里（約二十四公里）。我看著清單羅列的小鎮，發現一座叫做皇后橋鎮，距離潘普洛納約十五英里遠。接著，我上網搜尋那裡的旅館，因為大部分聖雅各之路沿途的小鎮都很小，所以在網路上不容易查到旅館資訊。我必須發揮創意。我找到一家位於皇后橋鎮的旅館後，便查詢我需要的那天晚上有沒有空房，如果沒有，我可能就要重新考量整個路線規劃了。結果有！我完成預訂後，把訂房成功訊息和確認碼貼在試算表上，並祝賀一下自己。

如果我可以照這樣再做個二十八次，就不必露營，也不必和陌生人共用房間或浴室了。靠著資料導向的強大心智，我就可以做足研究，設計出自己的聖雅各朝聖之旅。接下來的幾天，我持續奮戰好幾個小時，想要把整個旅行計畫拼湊完成，過程中有許多決定都必須做出取捨。如果在離前一個留宿點約十五英里處找不到旅館，我就必須決定那天要多走一點還是少走一點，才能到達另一個我能預訂旅館的地方。而且，這個決定會在整個旅行計畫中引發一連串後果。如果我把太多天的路程減到低於十五英里，就至少要用一天特別漫長的路程來彌補。

雖然想到要逐一解決所有的排列組合，我就頭大，不過我相信，我受過MBA訓練的頭腦一定能搞定。畢竟在華頓商學院時，我學過如何計算線性規劃最佳化。雖然這門學問在我的現實生活中從沒派上用場，當年我卻煞費苦心來學習。現在，我終於有機會小試牛刀。我可要使出線性規劃最佳化的本事，徹底分析一下這條路線啦！

我花了一個星期才做完線性規劃，累死我了，但我總算設計出一套最佳化版本的旅行計畫。到時候，我要徒步的最長路段是十九英里（約三十公里），最短路段則是十一英里（約十八公里）。現在我的旅行計畫中，有數百個資料儲存格滿滿寫著數據，從一路上經過的路段距離，到旅館地址和電子郵件都包含在內。多虧事前下了這番苦工，我每天晚上才不必煩惱沒有獨立的房間或浴室。我知道踏上聖雅各之路後，一定要面對很多挑戰，但晚上找不到住處絕不是我要擔心的問題。我訂好最後一家旅館後，覺得充滿了成就感。

我為聖雅各之旅打包行李時，想準備一份可以隨身攜帶的路線地圖，於是上亞馬遜（Amazon）網站，查到一本旅遊指南。那本旅遊指南看起來很眼熟，接著亞馬遜網站就提醒我，早在幾個月前我就買過那本書了。那是我為這次長假規劃第一條冒險路線時，買下的其中一本書，決定要展開多瑙河自行車道之旅後，我就沒再花時間讀那本介紹聖雅各之路的書。於是我找出那本書，把它扔進後背包裡。

踏上聖雅各之路前夕，我翻開那本書看地圖，才發現作者正是根據每天十五英里的路程，製做出那些分段規劃的地圖，同時記載有關於沿線青年旅館的資訊。我費盡千辛萬苦才找到的小鎮旅舍，在這本書上就能找到了。我基本上是重製了這份行程計畫了。如果當初先看過這本書，我就能省下許多力氣，對於自己用精巧的試算表做出來的旅行計畫，我再也不覺得那麼得意了。

聖雅各之路的領導課

向前人學習

- **別貿然行動：**我們很容易一頭栽入新任務中最吸引自己的部分，只要快速開始探究細節，你可能就覺得自己進展神速。然而，新任務一開始最好先退後一步，搜尋相關的歷史，找出其他接過相同或相似任務的人。避免「多此一舉」，就能省下大把時間，也省得出糗。
- **向前輩詳細請教：**接下領導角色後，可以的話，就去找前輩請教關於這個角色的細節，並請他提供自己對團隊的強弱項，以及相關威脅與機會的評估。如此一來，你不僅能獲得有用的資訊，也能得到前輩的好感。藉著給他機會和你分享自己的意見，他會覺得自己是在投資你的成功。他也可能會感激有這樣的機會，為他採取的任何行動說明當時的背景。
- **「搞懂」新角色：**在新的領導職務上快速上手，是保證你成功的最佳方法。

把你能找到的績效報告、研究和其他文件資料蒐集齊全，幫助自己了解新角色。你可以向前輩或招募經理請求協助，從獲得錄用後到實際上工前這段時間特別寶貴，可以用來為新角色做好準備。你可以從超然的觀點看待事物，不必為過去的錯誤決策背負惡名，而且能看出事情的非人為問題。過渡期如同機會之窗，可以自由發問，不必擔心別人因為你不曉得答案而嚴厲批判你。

- **營造環境分享「學到的道理」**：建立一套基礎建設和程序，確保團隊能為未來世代留下自己「學到的道理」。像是以維基百科模式為基礎建立的企業內部網路，就是用來分享這些資訊的大好工具。此外，可以要求團隊夥伴把在內部網路上學到的道理，記錄在「行動後報告」中，當作結案的方式。

從前人身上受到鼓舞

聖雅各之路的朝聖者很容易就受到這條路鼓舞。對某些朝聖者來說，感覺自己和數世紀以來的歷史相連結，就能產生這種鼓舞的力量。

來自紐西蘭的教師凱拉（Kailagh）說：「我有一種強烈的感覺，彷彿自己是某種偉大事物的一部分……我覺得就像在為某個強大的事物貢獻自己，只要把一隻腳踏到另一隻腳前面，就能讓時間寫下這個故事。」

來自美國的珊迪說：「我深深地察覺到，早在許多、許多年以前，比我更早走過這裡的許多人。我想到他們完全沒有我們現代舒適的條件，當時一定走得很辛苦。」

來自蘇格蘭的歷史學者德瑞克（Derek）說：「我想像在塵土飛揚與高溫炙烤下，那些在我之前來這裡的朝聖者，他們的痛苦和鮮血……然後進入聖地牙哥康波斯特拉——我幾乎能感覺到過去的朝聖者在為我打氣，還拍了拍我的背。」

許多朝聖者表示，他們覺得有某個「守護天使」，正在朝聖之旅中照看他們。來自愛爾蘭的朝聖者唐納（Donal）這麼描述：「尤其是從法國勒皮出發的朝聖之旅，總是能感受到無數已經走過的前人……因為我走得慢，所以我聽到後面有其他朝聖者時，就會自動靠邊讓路給對方，卻常常發現，原來路上始終只有我一人——那是從前朝聖者的幽靈吧！」

我記得自己聽過也說過，一旦途中出現問題，「聖雅各之路會帶來力量」。那種受到來自過去的無形力量支持的感覺，可以減輕我在朝聖之旅期間的壓力；努力達到前人設下的高期望，也讓我覺得受到鼓舞。來自英格蘭的史蒂芬如此形容這種感受：「**在不如意的日子中，帶給我動力的事就是，知道在我之前曾有無數人承受同樣的痛苦、走過同樣的小徑，而且他們最後順利抵達聖地牙哥康波斯特拉。**」

很少工作場所的歷史能和聖雅各之路相提並論，但大部分的行業都有某種可以激勵員工的歷史，有時候，領導人必須從創意的地方找。

我在華府市長辦公室工作時，特別欣賞我們辦公室所在的市政廳。那是一座富麗堂皇的古老建築，以花崗岩與大理石建成，不僅裝飾繁複，還有現代建築中罕見的高聳天花板、豪華樓梯和寬敞大廳。在市政廳的外部，頂層裝飾著幾座古典人物的雕塑，他們身穿罩袍、手持盾牌，並飾有關於政府的符號。從我位於頂樓的辦公室往外看，就能用其他人看不到的近距離角度觀察那些雕像。我這才注意到，雕像的臉孔刻劃得精巧細緻，從翹八字鬍到蘋果下巴，簡直維妙維肖，這些雕像的臉孔個個別具特色。我忽然明白過來，那些工匠一定是照他們認識的某個人的臉來雕刻。也許他們是想對某個受愛戴的人致上永恆的敬意，或是讓自己的面孔永垂不朽。無論那些工匠的動機是什麼，他們已經在那座建築上，留下比自己的一生更長久的痕跡。當新人加入我在市長辦公室的團隊，我就帶他們從頂樓窗戶望向那些雕像，並把那些臉孔背後的故事告訴他們。我用這個小小的儀式結束每一場會議，並問他們在這座建築物工作的日子裡，打算如何留下自己的痕跡。

離開聖雅各之路後，我展開身為作家的新職涯，開始從過去尋找鼓舞的力量。我有一項嗜好是研究我家譜中的祖先歷史。研究過程中我發現，我家那支皇族血脈可以一路追溯到中世紀的德國。一七五〇年代，我的祖先約翰（Johan）和家人一起移居美國。現在我自己四十多歲了，對他在四十一歲時勇於採取這種行動的膽識，感到深受鼓舞。我發現還有一個名叫阿歷山德（Alexander）的祖先，在十六世紀末葉是個學者，並曾出版過一本書。後來我在一次旅行中，另外安排行程到大學城，拜訪一座收藏著他的論文副本的圖書館。到了圖書館後，我驚喜地發現，他們提供那本書和所有論文，讓我在閱覽室裡檢閱。想到自己正在觸摸的同一張書頁，我五百年前的直系祖先也曾經摸過，我不禁渾身顫慄，並開始擔心額上冒出的汗珠會滴在書頁上。那種感覺在我撰寫第一本書時鼓舞著我。對我來說，寫書不只是一門新職業，我也希望能透過寫書為後世留下寶貴的東西。為了感謝老祖宗阿歷山德鼓舞了我，我出第一本書時也在致謝詞中提到他的名字。

聖雅各之路的領導課

從前人身上受到鼓舞

- **蒐集從前的故事：**當你轉換到新角色，可以去找資深的團隊夥伴，詢問關於團隊過往的故事。有哪些豐功偉業？有哪些慘痛經驗？你可以從這兩者中學到什麼教訓？獲得這些資訊後，你就擁有更多的戰術優勢，可以分辨未來自己該做什麼、不該做什麼。你也能從這些故事中看出成功的樣貌，用來激勵自己和團隊夥伴。

• **樹立團隊的驕傲：**過去的考驗和事蹟可以鼓舞團隊，就像歷史有凝聚具有共同利益的人民的力量。如果你能運用一段光榮的歷史，讓夥伴對自己身為團隊的一分子感到驕傲，他們工作起來也會比較快樂。

第8章 欣賞同行夥伴

聖雅各之路上的朝聖者。

許多朝聖者都說，聖雅各之路教他們用新的角度欣賞身邊的人。

來自美國的朝聖者黎雅（Leah）說：「走過聖雅各之路，我和別人互動時變得更專注在當下。我更懂得傾聽，更懂得同理對方的感受，也能從別人的觀點把事情看得更清楚。」

來自美國的婕琪說：「我想像所有曾踏上這條路的人，他們也擁有自己的故事，一段生命故事。就和我一樣，故事裡的某種東西引領他們走上聖雅各之路。」

其他國家發行的朝聖護照上，印有回應這種價值觀的朝聖祈福語，而且說得相當優美：「朝聖者有福了，只要你們最掛念的不是抵達終點，而是與他人一起抵達終點。」[1]

也有朝聖者了解到別人欣賞他們哪一點。來自南非的退休教師蘿絲（Rose）分享她的故事：「走在路上那兩個星期，我變成某個『大家庭』的一分子，在不同地方和彼此重逢的感覺實在很美妙。我們十二個人約好，到了我待在聖雅各之路的最後一晚，要各自設法到布哥斯相會——最後十二個人都為了我克服萬難，成功抵達那裡。我們在布哥斯大教堂（Burgos Cathedral）做完盛大莊嚴的禮拜後，就一起外出吃晚餐。用餐時，其中一個『家人』站了起來，對我的貢獻和我對他的意義表示感謝……在場其他人也跟著致意。這讓我情緒大潰堤，我從沒意識到自己在這麼多的小地方已經有所改變。」

雖然過去我從沒察覺，但我踏上聖雅各之路的第一天，就開始秉持「欣賞今天與你同行的夥伴」的價值觀生活了。每一天，我都會和某位獨自走在小徑上的女士共處片刻。她比我年長，走得比我慢，所以我每天都會超前經過她身邊。我們每天共處的時刻，漸漸變成一種我期待的儀式，部分也是為了要確認她平安無事，能夠繼續完成她孤獨的朝聖之旅。每次經過她的身邊，我就把我只會說的兩句法語都說出來：「早安！」（Bonjour!）「你好嗎？」（Ça va?）她聽了總是微微一笑，只是日子過得越久，那笑容就越顯得疲憊。她也會用幾句不同的法語回應我，但我只能假裝有聽懂。我到達位於聖地牙哥的小徑終點後，就到教堂參加為朝聖者舉辦的彌撒。這場彌撒以無比感性的最後一天活動，為每個人畫下句點，我們不斷彼此擁抱，流下許多淚水。經由一個月以來每天一分鐘左右的互動，我對那位女士漸漸變得熟悉而關心，那天在做彌撒時，我們一起相擁，對我來說尤其深具意義。

---

1 作者注　http://www.caminosociety.ie/caminos/beatitudes.403.html, retrieved November 9, 2016.

別批判他人

在聖雅各之路上，朝聖者將**學著避免對彼此妄下定論**。朝聖者來自許多不同的背景，各有各千奇百怪的上路原因，實在很難精準推斷其他朝聖者的作為，因此朝聖者都學會別這麼做。來自美國的工程師凱倫（Karen）分享這段故事：「每當我『批判』某人，我總會學到一點教訓。有個名叫胡安（Juan）的朝聖同伴，背部動過手術，因此無法背後背包，所以總在上路前先把背包寄到下一站。起初我不曉得，還自以為是，認定他八成很懶。有一次，我看到兩個過重的女人，搭巴士穿越崎嶇難行的山區，以免受傷或昏倒在半路上。但那其實是她們能採取的最佳對策，就和我一樣，她們只是一心想抵達目的地。再舉個例子，有一次，在庇護所裡遇到一群惹人厭的單車手，但他們其實是荷蘭奧運滑冰代表隊，正在換個方式受訓。每當我批判別人，我就會得到教訓，發現自己是錯的。」

每個朝聖者在聖雅各之路上，都會遇到特別難熬的一天，他們只能學著設法克服，並設法不要放棄。來自澳洲的煤礦工阿藍（Allan）分享這段經驗：「我們第一天登上往歐利松（Orisson）的陡坡時，超前了兩個人，包括一個『過重』的女士，以及一個明顯跛著一條腿走路的男人。我對我太太說：『他們永遠也到不了』……那兩個人走得氣喘吁吁，吃力極了。過了第一天，我們就沒再看到他們。三十四天後，我們抵達聖地牙哥，心裡沾沾自喜。我們和沿途見過面的每個人擊掌。就在隔天（沒錯），那兩個被我唱衰的人也走到這裡了——那個瘸腿的男人，還有那個體重比別人重一點點的女士。我太太和我都哭了，我實在看走眼了。我們擁抱他們兩人，雖然他們搞不清楚怎麼回事，不過這件事確實教給我人生中寶貴的一課。」

有些朝聖者把接納他人的嶄新心態帶回職場上。來自愛爾蘭的朝聖者強納森（Jonathan），學會「**理解每個人有不同的步調，換作日常工作也一樣，各人有各人的學習步調或工作步調**」。

踏上聖雅各之路的第一天早晨，我注意到一對走在我前面的夫妻，他們手持購物袋，各自背著一個大包包。於是我拍下他們的照片並張貼在臉書上，還加上一段刻薄的評論，說他們大包小包的想必走不了多遠。我查了很多資料，才弄清楚該帶些什麼，以及該怎麼打包，因此我對自己在一個月內就把一切必需品塞進背包，感到非常驕傲。我發現這張照片給了我藉口，可以對臉書朋友吹噓我打包行李的高超技巧。

幾個小時後，我已經卸下後背包，坐在山丘頂峰，而且休息得太久了一點。一路爬升的上坡比我原本以為的還陡，途中我踩在一塊鬆動的石頭上，把腳踝扭傷了。我還沒走到當天預定路程的一半，就已經累得超乎預期，不禁懷疑自己是否太自不量力才來朝聖。最後我鼓起勇氣，開始把東西收回背包，我才剛把水壺和點心裝進去，那對拎著購物袋的夫妻就出現了，他們和我一樣累得精疲力盡。我們用「Buen Camino」互相打招呼。

我忽然感到好奇起來，決定逗留一會兒，看他們會不會把購物袋扔了。眼前的男人從其中一個購物袋拿出相機，然後朝我走來。雖然我聽不懂他說的語言，但從動作看得出來是想請我幫他們拍照。我接過相機，拍了幾張照，再把相機還給他。他對我表示感謝，並用動作示意，問我想不想讓他為我拍照。於是他也幫我拍了幾張照。接著，他看我手上沒水又沒點心，就主動請我吃點心。我委婉推辭後朝他們揮手道別，我們又互道了一聲：「Buen Camino!」

我好後悔那天早上拍下那張挖苦人的照片，我竟然要靠貶低別人來自以為優越，還真是可恥。為什麼要唱衰從沒扯我後腿的人啊？對於那張貼在臉書上的照片，我還是覺得很慚愧。至少那對我來說是一堂震撼的機會教育。

聖雅各之路的領導課

別批判他人

- **學著接納：**如果你聽到自己說出批評他人的話語，就要自問是不是太容易妄下定論了。別人和你做法不同，不見得就是做得不對。
- **思考你看不見的面向：**如果你發現自己正在批評某人，請停止。與其思考你在別人身上注意到什麼，不如想想你沒注意到什麼。他可能處於哪些你不必面對的掙扎與弱勢處境呢？
- **處理批判欲望背後的需求：**如果你正在批判某人，可能暴露出自己的不安全感。你在某方面覺得受到他的威脅嗎？你為自己面臨同樣的掙扎而感到擔憂嗎？

選擇結伴同行的對象

走在聖雅各之路上，就像乘著竹筏渡過一條人流。如果某個朝聖者行走的速度和周遭的朝聖者一樣，他就會一直待在同一群人裡面；如果他改變速度，最後還是會和另一群人走在一起。因為朝聖之旅是單向步行，所以他可能再也看不到自己經過的朝聖者。如果朝聖者想和不同的人一起走，就可以參考來自愛爾蘭的退休軍官麥克（Michael）的建議：「如果你在徒步時，不喜歡身邊的同伴，就停下來綁鞋帶。如果他們讀不懂你想要獨自行走的暗示，就開始綁另一邊的鞋帶吧。不過要記得這種暗示是互相的，他們也可能對你做同樣的事。」

朝聖者會了解到，其實可以改變和其他朝聖者的關係。

來自美國的汽車經銷商「德州」提姆（"Texas" Tim）下了這樣的總結：「**人際關係也有春夏秋冬，有時候，我們就是走到了必須離開某段關係的季節。放手並沒有關係，一味拖著反而對彼此有害**。這是很重要的一課。」

來自澳洲的企業家溫蒂（Wendy）這麼解釋：「的確，我認為聖雅各之路再再印證那句老話，『別人之所以出現在你的生命中，可能是出於某一個理由，也可能是為了陪你走過一季，或是為了陪你度過終生』。朝聖者來自各行各業，當然也來自世界各地。在徒步過程中，我們共享生命中某個重要的片刻，也許接著共處幾個星期，然後就分道揚鑣，走上屬於自己的路。然而，其中一些美好的對話與經驗，卻永遠改變了我。」

在現實世界中，轉換人際圈子比較難，通常要換新工作才行。我在職涯中接過不少高階面試官打來的電話，有一次我就這樣獲得一份新工作。當時我本來沒打算跳槽，但對方提出的條件好得令人難以置信。我開始新工作後，頭幾週就知道自己做了錯誤的決定。我的老闆和公司都很好，但那份工做完全不適合我。我不喜歡那份工作，而且覺得自己無法勝任。於是我向老闆坦言自己判斷失誤，打算離職，並問他需要我續留多久，好讓他趁這段時間找到接替人選。聽到他說希望我多留三個月，我很意外，我想他不信我真的要離職吧。我只好再待三個月並努力工作，希望在交接工作時，重點專案維持在良好狀態。最後，我和老闆不傷和氣地分道揚鑣。

離職這一步走得很折騰，過了好一陣子我才找到新工作。想到自己犯下的錯誤，我根本沒臉回去找以前的雇主，要向未來可能的雇主解釋這段經歷，也尷尬得很。不過回首前塵，我明白那是正確的一步。我是犯了個錯誤，但比起放著錯誤慢慢惡化，害我的職涯發展延誤更久，還是迅速設法解決比較好。

踏上聖雅各之路不久，我和一個帶著小狗上路的女士就成了死黨。前一兩天我們處得好極了，天氣晴朗而涼爽，小狗在我們前面興高采烈追著蝴蝶跳上跳下。隔天出大太陽，熱得可憐的小狗落在我們後面，途中只要出現水窪，牠就停下來讓自己涼快一下。我看得出來，如果小狗繼續照著她的計畫走上幾百英里，恐怕會有生命危險。但這位女士始終不願正視我請她改變計畫的建議，因此我只好採取朝聖者能對彼此說的最激烈的措詞：我告訴她，如果她不肯好好照顧那隻狗，我就要跟她絕交，再也不和她一起走。她不肯，所以我照我的話做。過了幾天，我聽其他朝聖者說她已經帶著小狗回家了。

後來，我在路上遇到一位獨自徒步的老教授，他問我能不能和我一道走，我答應了。一路上我們天南地北聊不停，最後沿著小徑走到一個小村莊，發現村裡有一座大教堂，我們便走了進去。教堂的內部陳設美得令我吃驚——沒想到在這麼小的村莊裡，竟有如此富麗堂皇的教堂。自從我讀過肯・弗雷特（Ken Follett）的《上帝之柱》（*Pillars of the Earth*），就傾向把宏偉的古老建築，視為建造它們的勞動者的紀念遺址，而非差遣他們做工的有錢人的功績。

我把這個想法分享給同行的夥伴，他卻告訴我，這些建築都象徵著剝削，而非對任何人的表揚，並數落起有組織的宗教團體做過的種種壞事。我察覺這是一場索求聽眾關注的說教，決定別跟他陷入口舌之爭。他的朝聖之旅想必會和我的很不一樣。歇腳用午餐時，我一邊使用無線上網，一邊刻意多休息一陣子，時間長得足以讓他決定撇下我獨自上路。我不是勉強繼續和他同行，卻暗自希望我不在他身邊，而是乾脆朝別的地方走去。這個決定幫我省下不少煩惱，也讓他有機會尋找有興趣聽他高談闊論的人。

聖雅各之路的領導課

選擇結伴同行的對象

- **當心負能量惡霸：**某些工作場所會出現難搞的團隊成員——「負能量惡霸」。這些惡霸就等著糾纏剛加入團隊的新人。他們總擺出一副拒絕和其他成員建立友誼的態度，並把新人視為一種機會，想用自己的勢力控制新人，久而久之，新人就不好意思遠離他了。在剛進入新工作的頭幾天裡，尤其要當心這種企圖壟斷你時間的人。

- 「拜碼頭，打照面」：在新團隊中開始工作後，記得安排時間去找所有團隊成員和利害關係人，藉著開會「拜碼頭，打照面」，議程內容只要聚焦在熟悉彼此就好。身為新人，你還擁有安排這種會議的機會之窗，要懂得善加利用，趁早拓展你在新職場的社交圈。要斬斷你和負能量惡霸的孽緣，最輕鬆又最省心的方式就是和其他人建立關係。

把點頭之交培養成人脈

聖雅各之路有個大大的好處，就是可以在短時間內，遇見很多來自不同地方與背景的新面孔。只要你懂得善加利用，聖雅各之路就可以是建立人脈的空前大好機會。

來自美國的凱倫說：「我學到如果自己感覺到什麼、想要告訴某人什麼事，最好就馬上行動，因為我可能再也見不到那個人了。我希望能把這個道理帶回『現實生活』中。」

來自愛爾蘭的特教助理歐伊海娜（Oihana）走過三條不同的聖雅各朝聖路線，學到和其他朝聖者保持聯絡的技巧。她說：「我隨身帶著一本筆記和一支筆，好記錄我在一路上遇見別人的重要片刻，以及他們的電子郵件、手機號碼或住址，然後把照片寄給他們。其中有些人會回覆我並保持聯絡，有些人則不會。雖然人生聚散終有時，但我還是很努力維繫人際關係。」

來自澳洲的說故事專家阿蜜奈兒（Arminelle）學會用新角度看待新關係：「徒步時有過這樣的日子：我和某人雖然只同行一天，但就那麼一天也能聊得興致盎然，而且那些對話從此永遠陪伴著我。現在我更懂得享受和他人共處的時光，不再光憑相處時間長短來判斷關係的好壞。」

我在聖雅各之路以外的生活中，自大學畢業起已經換過十幾種不同工作，工作換得如此頻繁有好處也有壞處。其中一個很大的好處就是可以認識新的人，每換一份新工作，我就加入一個新的社交圈。當我開啟社群媒體個人檔案的關係網，看到自己在這麼多不同圈子和城市都擁有人脈，不由得感到驚奇。

只要是在職涯中認識的人，都很適合用領英（LinkedIn）那樣的社交網路，來持續追蹤他們更新的聯絡人資訊。這比傳統的手寫聯絡簿好用多了，更重要的，這也是和老同事維繫關係的好方法。最起碼，只要收到人家過生日，或換工作之類有關職業的訊息通知，我就會花點時間主動向他們致意。

我從朝聖經驗中學到，花心思培養和老同事的關係，或許能夠帶來很大的回報。有一天，我在漫長而荒涼的梅塞塔高原上，沿著聖雅各之路行走途中，到一家小餐館吃午餐，並拿出 **iPhone** 看有沒有無線網路訊號。小餐館裡果真有訊號，於是我檢查收件匣，發現一封出人意料的電子郵件，來自美國一個需要我協助的培訓經理。

前往聖雅各之路前，我預先為回國後在「現實世界」的下一份工作，做了一點準備。當時，我正要拓展計畫已久的培訓課程事業，為了取得搶先優勢，我事先啟用個人網站簡易版後，才搭機飛往聖雅各之路。我打算回國後再宣傳網站，因此在那之前什麼也不做，網站就這麼擱著等我回去處理。

我讀起那封郵件，這名培訓經理為她公司數十名員工籌備一項培訓計畫，那是他們為高潛力員工辦的訓練學院的一部分。她預先邀請的某位講師在最後一刻臨時退出，於是她找上我的網站，想知道我能不能遞補空缺。因為有這項培訓所需專長的人不多，所以她真的麻煩大了。好消息是，那就是一流戰略顧問用的問題解決與溝通方法，我對傳授這項利基技能很有經驗；壞消息是，她要講師能在一星期內到夏威夷開始授課。她問我有沒有空，能不能馬上給她一份提案。

當我坐在那兒看著後背包和灰撲撲的靴子，腦袋裡同時升起好幾種情緒。我覺得很振奮，因為新事業有個意外的好開始，但我也很煩躁，因為我沒有網路頻寬，無法好好回應她。雖然我從沒見過這位女士，但看著她寄來的郵件，我就想幫助她。我正要回信告訴她「抱歉，我正在進行朝聖之旅，無法協助妳」時，想起一個名叫邁克．費廖洛（Mike Figliuolo）的老同事。幾年前，邁克和我曾在同一家銀行工作一段時間。身為前戰略顧問，我們都名列為那家銀行開設這種課程的講師群。我們從沒一起工作或見過面，但我們都聽過彼此的大名。雖然我們倆幾年前就都離開那家銀行了，但我向來記得大約每年聯絡他一次。邁克已經發展出自己的培訓課程事業「思想領袖有限公司」（*thought*LEADERS LLC），我知道他提供的課程正符合這位女士的需要，於是把電子郵件轉寄給他，問他能不能幫個忙。

那天晚間我抵達庇護所後，再次查看電子郵件。結果發現，邁克不但回覆他能支援，還附上一份提案要寄給對方。雖然那幾天他沒空親自授課，但他找到公司中一位短期內能幫忙的合格講師。於是我用電子郵件分別聯絡邁克和那位培訓經理，最後他們一起辦成這場培訓課程。因為授課效果很好，所以他們數月後辦了第二場培訓，那次我終於能前往夏威夷親自授課了。

故事到這裡還沒完。邁克和我覺得彼此合作的感覺很棒，於是決定維持夥伴關係。一兩個星期後，我還走在聖雅各之路上，正穿越歐塞布雷羅（O Cebreiro）附近一座特別美麗的山巒時，我的網站收到另一封培訓工作邀約。這一次不是緊急的臨時邀約，而是來自更久（更遠）[2]以後的邀約——來自中東的邀約。我把那封郵件轉給邁克，他接著就幫我談妥合約與培訓日期，讓我在幾個月後順利開始授課。

現在回頭看，我在那幾年稍微花點時間與心力和邁克保持聯絡，反而是我做過的特別好的一筆投資。

2 譯者注　英文 farther 既可表示時間更久遠，也可表示空間更遙遠，作者在此一語雙關。

把點頭之交培養成人脈

- **利用社群網路建立關係：**在工作上遇見新面孔時，問他用不用領英，以及介不介意你寄交友邀請給他。照約定時間寄出邀請給他，如果他沒回覆，就別追蹤他。如果他想和你建立關係，手邊已經有你的聯絡資訊了；如果他沒回覆，也許只是他不常登入查看，或是對建立關係感到不自在。
- **參加或創立校友團體：**如果你正和同一份工作的幾個前同事保持聯繫，就可以上臉書或領英，查看那家組織的校友有沒有創立私人社團。如果沒有這樣的社團，你就可以考慮自己創立一個，並利用這個社團，分享成員可能特別感興趣的文章和新聞。
- **找個好理由聯絡感情：**一旦建立關係，你就要透過有意義的方式和對方聯絡感情，對方才知道你偶爾也掛念著他們。最起碼，當你看到對方換了新工作，就要主動道賀。當他貼出某些對你有用的資訊，就花一秒鐘幫他按個「讚」，或花幾秒鐘在下面留言吧（對方一定會注意到）。如果你看到對他有幫助的文章或貼文，就轉發給他。別做得太過火，不過你還是應該透過某種簡便的方式，每年都重新聯絡關係網中的每個人至少一次。

- **找機會碰面**：如果你正出差到另一個城市，就可以搜尋你的關係網，看看有誰正好住在那兒。可以的話就安排會面吧。
- **設法幫助對方**：當你獲得不符自己需求的工作機會或商業機會，就可以搜尋關係網，看誰可能對這個機會感興趣，轉發潛在的工作機會或業務機會，也是重新聯絡的好方法。你結交的人脈會感謝你的幫助，未來對你發的訊息也會抱持更開放的態度。

第 9 章

顧慮未來的人

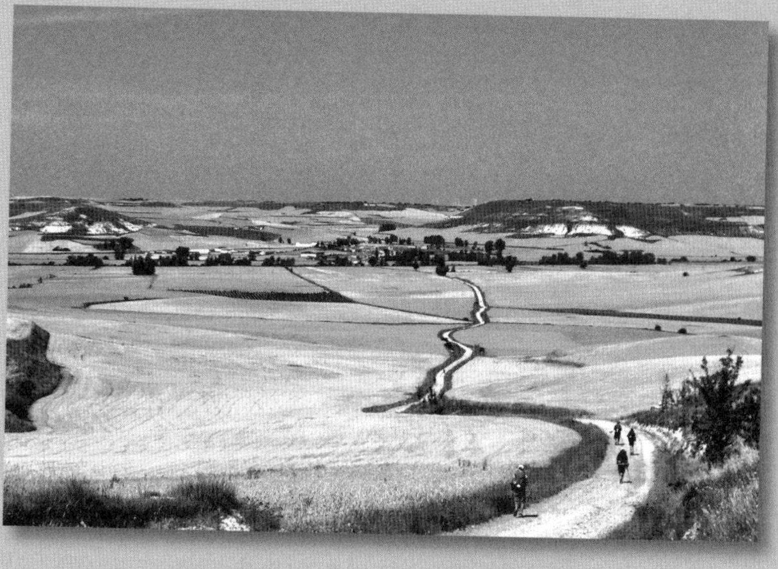

橫越高原地段的聖雅各之路。

踏上聖雅各之路的朝聖者，也覺得自己本來就有幫助他人的責任，幾個世紀以來的朝聖者都認為如此。舉例來說，十七世紀踏上聖雅各之路的義大利朝聖者多門尼各．拉費，在日記中描述他如何努力幫助後來上路的人：「從這裡往前走的路段很容易迷路，除了眼前一片空曠的沙質平原，朝聖者什麼也看不到。因此為了值得同情的朝聖者好，我應該留下指引方向的記號，幫他們沿著正確的道路前進，以免他們迷路。如果是第一次到這片滿是沙土的荒原（或其他景色相似的地方），那麼當你走到多岔路口，想知道哪一條路才對時，就會看到從前的朝聖者已經在正確的那條路邊，把石頭分別壘成兩三堆。同理，你走到森林時也可能遇上岔路，為了分辨正確的道路，你會看到從前的朝聖者為了指示方向，已經用登山杖尖端剝除其中兩三棵樹的樹皮。」[1]

我一讀到這項朝聖價值觀，就充分意識到它的重要性。受到比我更早上路的所有朝聖者的影響，讓我覺得自己負有重大的責任。聖雅各之路就像一座擁有千年歷史的博物館，允許我自由碰觸裡頭的展覽品，而且沒有天鵝絨繩或警衛阻止我接近歷史。因此我覺得自己義不容辭，必須保護這座活生生的博物館。我希望未來的朝聖者能像我這樣體驗一切，也希望能把我的經驗告訴其他人，鼓舞他們追隨我踏上旅程。

別破壞他人的樂趣

一九九六年，在費城熱得要命的五月天裡，我穿著傻呼呼的畢業服，和數千人一起坐在橄欖球場上。因為那天稍晚，研究所將另外舉行一場自己的畢業典禮，所以我很多MBA同學都沒去參加全校畢業典禮。不過，因為我是全校畢業典禮致詞嘉賓選委會成員，所以我也得出席這一場。這次的致詞嘉賓是位名人，但他不是我們心目中的首選。我們一心盼望尼爾森・曼德拉（Nelson Mandela，已故南非前總統兼人權革命家）能來，我甚至不記得選委會開會時提名過湯姆・布羅考（Tom Brokaw，美國NBC前資深主播）。因此得知致詞嘉賓是他時，我既覺得驚訝，也有點失望。雖然當年晚間新聞主播也是重量級人物，但跟曼德拉畢竟沒法比。

然後我去聽他致詞了。

每年五月，賓州大學同時舉辦畢業典禮與校友同學會。那一年，一九四六年那一屆畢業

1 作者注　Laffi, p. 142. Quote used with permission.

生正召開第五十屆同學會，而布羅考在致詞結尾中還特別提到他們。他談到那一屆有多少人，正是在美國經濟大蕭條中成長的一代，並在經歷過第二次世界大戰後，返鄉把美國打造成如今的超級強權。布羅考最後說：「我對他們深感敬畏。從現在算起的五十年後，讓另一個致詞嘉賓站在這裡，談談你們的世代：『他們拯救了他們的世界，我對他們深感敬畏。』這是屬於你們的時代，勇敢承擔……我們就靠你們了。」[2]

正當我準備展開自己的商業職涯時，那段結語開始支持著我前進。我想我這一代沒辦法像那一代那麼了不起，我們再也不必面對他們克服過的相同困境。不過這段話的確在我心中播下一顆種子，我發現自己有必要好好思考，自己在職涯中的行動將如何影響未來的世代。

這段話同樣留在布羅考心中。兩年後，布羅考出版著作《最偉大的世代》（*The Greatest Generation*），他並未對外宣布，他曾經讓我們搶先瀏覽這本未來的暢銷書。這本書促進世人把這個稱呼賦予那個世代，並特別表彰他們的貢獻。

我踏上聖雅各之路後不久，有一天清早，遇到一樁有趣的意外事件。當時我獨自走在連通兩座村莊的偏僻小徑上，一個年輕人接近我，然後用西班牙語問我有沒有看到警察。雖然這個問題把我嚇一跳，但我感覺他沒什麼威脅性，就用西班牙語回應他，說我沒看到任何警察。他向我道謝後，就跑向停在一條街邊的汽車，然後把車開走。

等到我看到落在小徑邊的第一坨垃圾，便開始拼湊這段經驗。那坨垃圾是橘子皮和酒瓶組成的詭異東西，很明顯在前一天晚上，這裡有過一場盛大的派對。那個年輕人想必才剛靠睡眠消除狂歡後的疲憊，擔心自己開車時被攔到路邊臨檢。

隨著我繼續行走，垃圾也越來越多，一路延伸到下一座小鎮。等到我第一次看見裝飾品，才明白這座小鎮前一夜正好舉行年度節慶活動。在西班牙，小鎮往往都有自己的守護聖人（patron saint），他們會按照天主教聖人曆記載的日子，在當天舉辦盛大的派對慶祝。我已經錯過這場派對了。想想如果前一天多走幾英里，我就能度過一個充滿樂趣的夜晚吧。

不過，這段回憶帶給我的真正體悟是那坨垃圾，我這才發現，之前在聖雅各之路上都沒怎麼看到垃圾。我從沒看過任何朝聖者亂丟垃圾，倒是看過有人撿起起自己看到的垃圾。通常，朝聖者都會注意完整保存聖雅各之路的原貌，留給未來的朝聖者。

---

2 作者注　"Brokaw Addresses Graduates' Futures." *The Summer Pennsylvanian*, May 23, 1996, p. 3. http://www.library.upenn.edu/docs/kislak/dp/1996/1996_05_23.pdf, retrieved 29 October 2016.

優秀領導人也要避免破壞要留給後人的事物，他們必須考慮自己今天的行動如何塑造明天的可能性。我擔任資深高階主管時，知道自己總有一天會離開，要將自己的角色傳承給繼任者。我覺得自己責無旁貸，把角色交接給下一個人時，至少要把一切打理得像我接任時那麼妥貼。

我發想出一幅心智圖像，用來提醒自己考量個人行動對未來的影響。我想像經過二十年後，自己以訪客身分趁著年度派對重回公司，坐在觀眾席上聽講的畫面。我想像自己仔細觀察席間工作人員的表情。他們代表自己服務的團體嗎？他們的領導人會對他們說話，或和他們溝通嗎？我曾經身為一分子的這家公司擁有豐沛的能量，我想確保公司在二十年後依然如昔。這幅成功願景幫助我做出目標明確的決策。

聖雅各之路的領導課

別破壞他人的樂趣

- **營造未來的前景**：想像經過十年或二十年後，你的團隊會變成什麼樣子。你希望它是什麼樣子？到時候它還存在嗎？隨著科技變遷，它是變得更好，還是被埋沒了？它是有趣的工作環境嗎？它能憑著值得自豪的歷史成為吸引人的工作環境嗎？一旦你勾勒出對美好未來樣貌的願景，就能開始評估對於那樣的未來，自己今天的行為究竟是有益還是有害。
- **財務計畫**：現在搞定團隊的財務問題，未來就不會周轉不靈。分析並預測你們的成本結構。如果你們的成本增加太快，就要趁現在加以抑制。評估你們的基礎設備能否滿足未來所需，並計畫更新或汰換。等到這些行動發揮效用時，你可能已經離開團隊很久了，但身為操控團隊未來的管家，這是你當仁不讓的事情。

- 思考你開出的先例：身為領導人，你做的每個決定都會成為未來決策參照的前例。我們很容易受到誘惑，想要靠抄捷徑或開特例來完成事情，但每一次你要求通融，都會削弱那些規定的力量，別人也會趁機指責你享有不公平的特權。每一次你拒絕行使自己取巧的權利，都能降低未來落人口實的機會。再者，你理當為繼任者保留你現在享有的權力與選項。

為後人指明未來的道路

在路上，朝聖者都會幫助後來的朝聖者。來自美國的珊迪描述她如何幫助後來上路的人：「我總會想一想那些追隨我腳步上路的人。在聖雅各之路上，我努力觀察能否在某些小地方出點力，好讓後人的旅程走得更順利。於是我買了捕蠅器放在某間青年旅館中，那附近有一處飽受蚊蟲侵擾的野地。我也買了個多孔插座放在另一間旅館，那裡本來只備有一個。

此外，我在第一晚睡過的床上留下一本空白日記，並附上寫著「送給你」的紙條。我還在某一間青年旅館裡，替可能像我這樣長水泡的其他朝聖者，留下一些護腳膏。」

聖雅各之路沿途居民也會幫忙維護小徑。來自紐西蘭的珍珠記得：「走在羅馬時期的道路和古老小徑上，總能讓我們想起自己正在做的事意義何在。有個小夥子親自養護某塊地，他清除路上所有垃圾，而且每隔一段路就畫上一個黃箭頭標誌——我們走在『他的』地上都覺得很驕傲。現在我看看生活周遭，常想到為我們鋪好路的那些人，以及他們付出什麼代價、歷經多少困難，現在我們才能欣賞這一切。」

我擔任管理顧問時，不管執行什麼專案，我最喜歡的日子就是最後一天。專案結束時，通常都會開一場盛大的結案會議，公司最資深的高階主管也要在場會晤客戶。我們會用投影片呈現工作內容與相關建議，如果我們做得夠好，就能說服客戶接受建議。經過數週或數月的辛勤工作，最後的會議帶來一種慶祝結案的感覺。

另一方面，我最不喜歡的日子，就是專案剛結束後的那幾天。我們必須詳細記錄專案的摘要，並收錄在公司的知識庫中。這些摘要不斷累積，形成顧問公司智慧資本很重要的一部分。每當我準備展開一項新專案，就會搜尋知識庫中相似的歷史專案，來取得經驗優勢。這是一種很寶貴的資源。

諷刺的是，我必須撰寫的這些摘要，自己卻永遠用不到。因為我親身經歷過那項專案，所以我已經知道關於它的一切。我認為寫摘要是件苦差事，其他許多顧問想必也這麼覺得，因為經理必須經常碎碎念，要求大家完成摘要。所有人負責的專案摘要完成率，也成為評估表現的衡量標準，而且在摘要完成之前，公司不會對任何結案慶祝活動發放經費。雖然大家終究會完成摘要，但多半還是要主管三催四請才行。

我從朝聖之旅回來後，發現許多討論聖雅各之路的網站和臉書社團。我對那些完成朝聖的人在網站上積極助人的樣子，感到十分佩服。看樣子，潛在朝聖者發出的每一個訊息，都能引起世界各地人士回饋大量的有用建議與鼓勵。過去幾年來，我利用網路研究過許多徒步路線，但沒有哪一條比得上聖雅各之路營造出來的社群感。去過聖雅各之路的朝聖者在網路上，並非對自己征服多數人辦不到的路線沾沾自喜，而是為了幫朝聖新手加油打氣。

我走在聖雅各之路上時，朝聖前輩帶給我的最大動力，就是他們沿途留下的塗鴉藝術，上面還寫著鼓勵後人的訊息。那不是現代城市常見的典型「塗鴉式簽名」，或一般破壞公物的行為。這種塗鴉更像詩歌。我記得沿途在簡單的「去吧」（go）字樣旁，或在路標上畫出來的箭頭旁，都看過這句短語：「超級贏家」（Super Victor）。等到我想通那大概是某個名叫維克多（Victor，剛好也是作者的名字）的人寫的（或別人寫給維克多的），真的不禁莞爾一笑，同時明白自己已經走了多遠。另外還留有許多塗鴉式簽名，是為了鼓勵朝聖者經過幾個星期每天走十五英里路後，忍耐不斷累積的疼痛，繼續前進。這些塗鴉的位置似乎經過策略規劃，往往就在踏上漫長的上坡路之前，或走過連通不同村莊的長路之後出現。

我從聖雅各之路回來後，決定鼓勵其他人展開朝聖之旅。我寫部落格分享自己在路上學到的道理，並談談這些道理對我在工作上的幫助。後來領英編輯群選中我的第一篇朝聖文章，貼到他們更大的網路上時，我感到很驚訝。短短一天內，這篇文章就成了領英部落格平臺的好文前三名，另外兩篇分別是理查・布蘭森爵士（Sir Richard Branson，維珍集團創辦人）和亞莉安娜・赫芬頓（Arianna Huffington，《赫芬頓郵報》創辦人）的最新文章。那篇文章獲得數千次瀏覽與數百個讚，我也開始追蹤另外兩個擁有同等影響力的部落格（指布蘭森和赫芬頓的部落格）。

從我得到的回饋中，我發現自己可以透過寫作，幫助別人發現聖雅各之路。而且這份領悟鼓舞了我，我開始把自己從朝聖學到的道理化為出書的構想，然後向出版社推銷。經過好幾個月兜售創作提案與手寫書稿的過程，現在你們才能閱讀到這些成果。

聖雅各之路的領導課

為後人指明未來的道路

- **記錄你學到的道理**：只有過去的世代把學到的道理記錄下來，未來的世代才能學習那些道理。你應該藉著記錄自己的經驗來幫助繼任者，這種記錄可以標上很多不同的名稱，從仁慈的「行動後報告」到可怕的「驗屍報告」都可以。不管你標上什麼名稱，都要確保團隊執行。
- **宣揚你學到的道理**：只有大家知道如何取得，你記錄下來的經驗才能派上用場。發表你學到的道理，好讓可能從中獲益的人看到這些資料。為你學到的道理，廣為宣傳。

- **做個心靈導師：**撥出時間幫助那些比你晚幾年展開職涯的後輩，事先規劃你提供指引的方式以提升成效。如果某人希望你指導他們，就請他負起一些責任，好培養一段有成效的關係。可以請他和你一起組織會議，或派給他回家作業。提供指引可以是幫助他人的好方法，不過雙方都必須傾注時間與力氣，都必須認真以對才行。

別和後人較勁

朝聖者學會抗拒誘惑，不拿自己的朝聖經驗和後來上路者比較。來自澳洲的說故事專家阿蜜奈兒這麼描述：「我在聖雅各之路上常常聽到的是，『這是你的聖雅各之路』（It's your Camino）——意味著照自己想要的方式來朝聖。我經常思考這件事。**每個人都有自己的道路，都用自己的方式度過一生；如果我們懂得尊重彼此的方式，想必都能相處得更融**

洽。」

來自美國的潘這麼形容：「聖雅各之路幫我了解到，我們都走在這條名為人生的旅途上，我們朝同樣的方向邁進，前往同樣的目的地，只是實踐的過程略有不同。走過這段旅程的方式並沒有對錯，不過沿途一定能獲得各種經驗與祝福，而這取決於我們走上哪一條路。」

來自澳洲的蘿西這樣的總結：「我們想著那些走在我們前面的人，以及那些走在我們後面的人，雖然我們都在同一段旅途上，但這段旅途卻以不同的方式影響我們每一個人。」

前華府市長嘗試競選連任失敗後，[3] 我在市長辦公室的工作也結束了。新市長上任前，我們要先經歷長長的一段過渡期。雖然為了競選活動鬧得很不愉快，但我們還是希望確保過渡期順利。在過渡期間，當地政府提供的各項服務，像是警察、消防和兒童保護，都很重要，不能出現任何閃失。我的任務是領導每一家市政機構備好簡報，好讓市長當選人和他的團隊迅速駕輕就熟。雖然我快要離職了，但還是以嚴謹的態度對待這項任務，一如我對待工作中的其他一切事務。我們把所有待交接的各家機構相關資訊，整理成一份綱要，因為一共有數十家機構，總支出金額高達一百億美元左右，所以資料量十分龐大，印出來後還分裝在好幾個資料夾和箱子裡。我們花時間把資料組織成圖表，極力呈現出數據蘊涵的全貌，並不是只留下「資料垃圾堆」而已，同時要求各家機構對遭遇的問題直言不諱。大費周章準備就緒後，我們早在距離就職日還有好一陣子時，就把過渡期簡報交給新市長的團隊。那些簡報數量龐大，我們找來一臺手推車，才順利把箱子全數運到他們的辦公室。當時，我以為他們之後為了消化這些資訊，會對我們提出許多問題或要求開會。

我想那些簡報甚至從沒派上用場吧。起初我很沮喪，不過後來就懂了：新市長和他的團隊想要有個嶄新的開始。這也是他們參選拉下前市長的理由。他們已經獲得選民授權，可以用自己的方式來領導。

朝聖者也一樣懷有自己的理由，想用自己的方式完成聖雅各之路。我和別人一塊兒走時，領悟了這個道理。雖然我生性好勝，但我也學到，**避免拿別人的朝聖經驗和自己的比較，而硬要分出個高下**。

3 譯者注　二〇一〇年前華府市長艾德里安・范提（Adrian Fenty）角逐民主黨黨內初選失利，敗給文森・葛雷（Vincent Gray）後無緣連任。

我走完聖雅各之路回家後，許多人找上我給建議，想知道該怎麼進行朝聖。雖然我很樂於提供建議，但也會注意別訂定太多規範，或描述太多細節。我不想破壞人家享受驚奇體驗的樂趣，也不想像個控制狂那樣，逼他們複製我的朝聖經驗。我決定盡我所能激勵對方上路，協助他們做好準備，並就此打住。一旦某個朋友踏上聖雅各之路，我願他獨立體驗一切，完全不受我干擾。

同樣的道理也值得領導人深思。不論自願或非自願，到了某個階段，領導人總要把權柄交給下一個領導人。面對過渡期，你應該像接手領導時那樣，秉持謹慎周到的心態交出自己的角色。**對繼任者主動協助或被動守候，但別礙著他們的路。**

聖雅各之路的領導課

別和後人較勁

• 用接手角色的心態交出角色：如果你知道繼任者是誰，就主動問他想要什麼；如果你不知道是誰，就準備一份可以留給他的簡報，內容要著重在你認為他需要聽的東西，而不是你想告訴他的。回想一下自己接手那個角色的經驗，你希望前人幫你做好什麼準備？你沒興趣聽他說哪些東西？

- **為自己結案**：將你擔任領導人期間的團隊成就，以及你將事物維持在什麼狀態，用自己的告別訊息做個總結。這麼做有助於定義你留下的貢獻，也能保證在未來沒有人能在自己表現不好時，把問題冤枉到你頭上。
- **保持沉默**：想和過去的團隊夥伴維繫關係是人之常情，但要懂得抗拒誘惑，別變成慫恿大家抱怨新老闆的亂源。雖然聽到大家說想念自己很窩心，但別讓人將你和新老闆的領導風格做比較。想一想，如果角色對調，你希望前人如何和你帶的新團隊互動。此時無聲勝有聲。

Part 3

活用聖雅各之路的精神

作者在聖雅各之路上離鐵十字架（Cruz de Ferro）不遠處。

第10章

走完朝聖之路的衝擊

徒步走聖雅各之路是一段強烈的體驗，可以幫助朝聖者深入思考人生。

來自比利時的漢斯這麼形容：「雖然聖雅各之路很單純，但整體而言，它在本質上就是人生。一天之內就有這麼多事發生，把它乘以三十五天，感覺就像在較大的人生中，還有一段小小的人生。」

來自美國的凱倫說：「走上聖雅各之路，就像把我的人生滿滿塞進一段短短的時間裡，我所做的決定改變了後來發生的事、我將遇到的人，以及我將停留的地方。」

即使已經結束徒步之旅，聖雅各之路仍然帶給許多朝聖者長久的變化。

來自加拿大的瓦樂麗說：「每天都想到聖雅各之路『結束後才開始』（begins at its end）。聖雅各之路朝聖經驗可以與人生許多層面產生共鳴，也有很多可以傳授的道理、可以分享的訊息——只要你願意敞開心胸去聽去看！！」

來自美國的珊迪這麼形容她的朝聖之旅：「這是我這輩子做過特別困難的事，但也是特別有益個人成長的事。剛踏上聖雅各之路的那個我已經消失了，取而代之的是一個更開朗、仁愛、慷慨，而且樂於分享的女人！」

來自美國的房貸專員克里斯托弗（Christopher）說，聖雅各之路「教我寬容，在那個過程中，我重新成為一個平靜的人」。

走過聖雅各之路的朝聖者也變得渴望更多冒險。

來自愛爾蘭的朝聖者唐納說，朝聖之路「為我開啟一段完整的新人生。我現在不斷尋找新的挑戰」。

來自比利時的漢斯說：「聖雅各之路也把我變得坐立難安，我意識到現在自己會追尋更多意義，並思索如何實踐那些意義。」

我踏上聖雅各之路原本是為了暫停工作，給自己放個假，沒想到這趟朝聖帶給我的遠不只是一段休假，更大大扭轉了我的職涯。

我從聖雅各之路學到的價值觀改造了我這個人，不論在生活中或工作上，我都變得和上路之前不太一樣。我發現，我是多麼希望能早幾年了解這些道理，好應用在之前的領導角色上。我想自己本來可以做個更好的領導人。

我無法改變過去，但我可以運用在聖雅各之路學到的道理，來改變現在。接下來，不同於朝聖護照教給我的價值觀，我要分享的是自己從朝聖經驗中體悟的道理。我反省自己朝聖後在生活中與工作上的轉變，以及聖雅各之路如何引發這些轉變，才獲得這些結論。

雖然我應用這些道理的方式是去朝聖，但不一定要休一個月的假、搭機飛越大洋並徒步穿越西班牙才行，你不必展開朝聖般的大冒險，也可以用自己的方式來實踐。接下來的章節將介紹這些道理，並提供一些小訣竅，幫助你應用在自己的生活情境中。

第11章

換個方式思考自己

體能挑戰、獨處時光，以及遇見許多新面孔，都讓聖雅各之路成為自我反省的特殊機會。來自美國的汽車經銷商「德州」提姆，這麼形容朝聖之旅的內省本質：「聖雅各之路反映出我的人生：最前面的部分是一場競賽；中間部分把我震懾得難以動彈；最後面的部分則向我展示我是誰，或我變成誰。我花了四十五年才到達這裡。我辛苦工作、爭取肯定、力爭上游，照自己的意願把時間花在孩子身上，並為了贏得他人認同而苦惱。我對這一切照單全收，有天早上醒來才發現，自己已經成了可悲的四十四歲臃腫男子。聖雅各之路就像我的倒映池。」

認識陌生人，認識你自己

我們傾向找和自己相像的人共事。在一個組織中，我們共有一套使命與文化，我們選擇雇主，雇主選擇我們，部分原因就在於彼此擁有共同點。在一門專業中，我們和其他同行共有一套利益、技能和經驗。

然而，一旦踏上聖雅各之路，你和其他人的共同點，就是你們都夠積極、夠能幹，也夠瘋狂，願意展開一趟朝聖之旅。聖雅各之路就像登山界裡的聯合國，代表許多國家、職涯、年齡，以及其他人口統計學特徵。因為聖雅各之路具有這種多樣性，所以當人家問起你做什麼工作，你可能得從頭解釋起才行。光憑職銜、產業和公司名號之類的東西，沒辦法像在家鄉那樣自動把你的背景說清楚。最後，你可能也要描述自己如何踏入你的工作領域。透過這些討論，你或許能一遍又一遍，體驗前所未有的釐清自我與回顧自我的片刻。

來自比利時的漢斯這麼總結：「剛開始踏上聖雅各之路時，我一心想把自己搞清楚，想從人生（主要是工作）中得到什麼。但隨著時間過去，我發現自己想的是周圍的人，並從他們的存在中了解自我。」

我在聖雅各之路上向陌生人描述自己的職業時，彷彿聽見自己在訴說某個我曾經活過、卻不曾見過的故事。大學畢業後的二十多年來，我輾轉換過六條不同的職涯跑道。我從某個原本感興趣的新領域，突然轉換到另一個，在每個領域待的時間都夠長，剛好待到激情消逝的那一刻為止。雖然每一回轉換工作都有其意義，當我試著解釋這一連串的改變，卻覺得它們和長期職涯策略沒什麼關聯。直到踏上聖雅各之路後，我才發現其中共通的連結。

我在聖雅各之路上和名叫托尼（Tony）的加州人走在一起時，就經歷了釐清自我的片刻。托尼說他決定離開廣告業，去追尋美好的高中英語教師職涯。因為我待過網路廣告業，所以對他的故事感到很在意。我從沒想像過自己可能變成高中老師，不過他所描述的教學帶來的益處令我頗感共鳴。我不禁也想成為某方面的老師。

接著我就意識到——我在職涯上一路走來也不斷在教導他人啊！事實上在過去的工作中，那是我最樂在其中的一件事。我在職涯早期就學會進階分析與溝通技巧。身為經理，我一直以非正式的方式，在每次互動中把這些技巧傳授給團隊成員；在顧問公司與銀行業工作時，我也以兼職培訓人員的身分教導這些技巧。後來我當上營運長，甚至發起一項培訓計畫，把這些技巧傳授給整個組織的員工。

聖雅各之路帶給我的頓悟是：當時我正在拓展的培訓課程事業，其實正是我的天命，不只是我職涯的下一步而已。不僅如此，為了確保我能領會這個訊息，聖雅各之路還趁我走在路上時送來兩個客戶，幫我推動這項事業。

我回到家後，就積極推出自己的培訓課程「DiscoveredLOGIC.com」，到目前為止都非常順利。過去三年來，我培訓的對象包括橫跨十三個時區的不同組織，每一分每一秒我都樂在其中。

如何應用在工作上

認識陌生人，認識你自己

- **盤點你的工作：**在你當前的工作中，找出你最樂在其中的極少數幾件事，並觀察其中有哪一些，是你在前幾份工作中同樣樂在其中的事。這樣就能找出共同點，了解什麼才是工作上最能激勵你的事。
- **定義理想工作：**確認以你樂在其中的事為主的工作是什麼模樣。如果這種工作存在，就深入了解它會帶來什麼生活方式和報酬，並想一想你能否經營那樣的生活。
- **加入新人際網路：**遇見和你不同背景、不同興趣的人，會迫使你採取新的方法來自我介紹，而新朋友也會提出一些問題，是在你既有社交網路中的朋友不會問的。以嗜好、信仰、運動或其他休閒活動設定目標人脈，就是別用你現在的工作來設定人脈。

- **在目標領域建立人際關係：**找出你鎖定的新興趣後，就可以連結屬於那個領域的人。舉例來說，我常收到以前的同事邀請，希望我就如何撰寫第一本書給他們建議。因為我也曾請教他人，所以很樂意「把愛傳出去」（pay it forward），繼續幫助其他想要寫書的朋友，而且我認為，許多作家都有相同的心情。

都能徒步穿越西班牙，什麼也都難不倒

許多人會說，徒步穿越一整個像西班牙那麼大的國家，簡直是瘋了。嚴格說來這並不瘋

狂，畢竟每年都有數千人這麼做。換個角度看，這瘋狂在於，世界上有數十億人連想都沒想過要這麼做。

展開聖雅各之路般瘋狂的冒險之旅，可以擴大朝聖者對自我能力的認知。

來自美國的線材加工技術員瓊安（Joann）說：「聖雅各之路讓我明白，我擁有的力量比我以前想像的更多。每天早上醒來，我都準備好繼續走，直至一天來到尾聲，我總覺得自己不可能再走了。然而，我還是繼續走……一路又是祈禱，又是哭泣。」

來自愛爾蘭的唐納說：「二〇一〇年，我七十歲時，第一次踏上聖雅各之路……長距離步行帶給我許多自信。我也發現自己可以激勵別人，讓他們明白，只要下定決心全力以赴去做，任何事都可能發生。不只一個人告訴過我，說我能鼓舞他們的心靈，而且他們希望到了我這把年紀時，也能像我這樣。」

聖雅各之路讓我明白，我能做的比我原本以為的更多。我當初踏上聖雅各之路的部分原因，就是因為這聽起來就像是一種成就。想到從今以後自己與人交談時能說：「我曾經徒步穿越西班牙噢。」我就覺得開心極了！

但我一完成這趟旅程就發現，朝聖之旅帶給我的不只是用來吹噓的功績，而是在更深刻的層面上改變了我。現在，當我面臨某個挑戰，就會從這樣的角度看待它：「既然我能徒步穿越西班牙，那個當然難不倒我。」

此外，這趟旅程也讓我更渴望投入其他新的挑戰。從前，寫一本書也列在我的「畢生願望清單」上，但我對這個想法一直望之卻步，甚至從沒動手做做看。然而，自從結束聖雅各朝聖之旅，我就決定放手一試。

我在領導團隊那些年裡形成一套領導概念，又在聖雅各之路上踽踽獨行的時光裡，進一步深思並磨利這套概念。回到家後，我開始把這些概念化為紙上的文字，這些紙張又累積成十多頁詳細大綱。雖然我不曉得寫一本書要料理哪些事情，但我認識一個懂這些事情的人。我打給邁克．費廖洛，也就是在我朝聖時幫我服務客戶的那個人。因為他出過一本書，而且大獲成功，所以我拿自己的大綱請教他，看有沒有潛力寫成書。他說有潛力，還說願意擔任我的共同作者。十八個月後，我們成功出版《框架內領導：聰明領袖如何引導團隊成就卓越》（*Lead Inside the Box: How Smart Leaders Guide Their Teams to Exceptional Results*）一書，在幾本重要刊物上都獲得不錯的評價，還在《領導管理書評》（*Leadership and Management Book Review*）上躋身二〇一六年領導學二十大好書，並獲得哈德遜書店

（Hudson Booksellers）、聯邦快遞（FedEx Office）等對書精挑細選的零售通路青睞。踏上聖雅各之路前看起來不可能的事，就這麼成真了。

如果我未曾獲得完走聖雅各之路帶來的自信，就永遠也寫不出第一本書。只要敞開心胸，聖雅各之路在你離開很久以後，依然能帶給你更多力量。

如何應用在工作上

都能徒步穿越西班牙，什麼也都難不倒

- 盤點過去的成就：你曾經克服哪些「不可能」的挑戰，並從中獲得自信？像這樣的挑戰可以是生活中的，或工作上的，任何年齡發生的事都行。舉例來說，我孩提時期挺身對抗惡霸成功的回憶，至今仍然能帶給我對付麻煩人物所需的力量。

- **從同儕的成就中獲得啟發**：有些人把同學會視為比較履歷成就的機會，我則把它視為從老同學身上獲得鼓舞的機會。最鼓舞人心的，就是那些後來在人生中找到自己的熱情，並順利追隨熱情的老同學。如果我有某個高中同學成功當上好萊塢導演，或許我就不會覺得自己寫書的念頭有那麼瘋狂了。
- **休假要有目的**：你的假期可以不只是休假，可以是追求自我發展的大好機會，用來證明你做得到那些你本來以為不行的事。如果你利用休假時間克服某項挑戰，就會發現自己比那項挑戰更強大，不僅是在生活中，也包括在工作上。如果你需要雇主給予額外的彈性休假，就要證明你能在那樣的追求中獲得專業上的成長。
- **把生活經驗帶進工作中**：思考你在工作以外的領域曾克服的挑戰，並利用那些經驗客觀評估你在工作上面臨的挑戰。「如果以前我能克服……（某某挑戰），現在這個就難不倒我！」

不只是工作而已

不論朝聖者在平常生活中做些什麼，踏上聖雅各之路之後，幾乎都無關緊要了，這時候，「朝聖者」就是每個人唯一的職業。

來自澳洲的阿蜜奈兒這麼形容：「我也發現一件有趣的事：專業工作在聖雅各之路上變得不太重要。我遇到的人大多特別注意別去問，也別去談他們做什麼工作維生，這種做法讓人找回對生活的自主感。我們再也不必因職業而掩飾自己或任人批判，而是以身而為人的面目受到評價。對某些人來說，這似乎成了重大障礙（他們是律師，需要大家都知道他們有多高明），而我只覺得，那些人多麼可憐啊，只能靠工作來定義自己是誰。」

我三十多歲時，在美國加州聖地牙哥住過幾年。在那之前，我本來在美國東岸一家大銀行任職，因為公司在西岸聖地牙哥收購一家網路公司，想要從母公司移轉一些管理技術過去，所以把我外派到那裡。我接到通知調職的來電時，覺得自己彷彿中了樂透。那是一個重大的角色，不但外派福利豐厚，薪酬也提高了。最重要的，外派地點就在以宜人氣候與美麗沙灘著稱的聖地牙哥。

過了短短兩年，我回到東岸，在華盛頓特區工作。當時，那家銀行決定把營運部門從聖地牙哥搬到德州，而我則選擇在內部轉調不同工作，就這樣跑到位於華盛頓特區的總部。

雖然我以前就住過華盛頓特區，也很喜歡那裡，但搬回去後卻覺得不太能適應。我開始想念聖地牙哥的氣候和海灘，還有那種對工作泰然以對的文化。在聖地牙哥，大家通常穿短褲和夾腳拖去工作，也很少為了工作忙到很晚。當你住在像聖地牙哥那樣的樂園，工作之外的生活總有體驗不盡的樂趣。

回到華盛頓特區後，似乎每個人在初次見面的頭幾秒鐘裡，就會急著問我在哪裡工作，而我這才意識到，我在聖地牙哥的許多朋友從不過問我在哪兒工作。他們只在乎我是合得來的朋友，不在乎我替哪一家公司工作。我從這不同之處認清了兩種文化的差異，在聖地牙哥，工作指的是你做什麼；在華盛頓，工作指的是你是什麼。

沒多久，我就被捲進這種華盛頓式框架中，開始關注我所屬的組織和職銜，把我擺在華盛頓特區社會階級的哪個位置上。我一邊故作謙虛，一邊興沖沖告訴人家我在做什麼工作，在我的職銜聽起來比對方更厲害（至少我這麼覺得）時，尤其如此。

聖雅各之路幫我了解到，要做個好同伴，光是報上職銜還不夠，別人才不在乎我踏上聖雅各之路前做了什麼，他們只想知道我能不能帶給他們正能量。回家後，我把這個道理謹記在心，工作再度變成是我這個人的一部分而已，我希望自己在生活中的其他角色，像是家人、朋友、伴侶等，也能表現得更好。

如何應用在工作上

不只是工作而已

- **別急著問人家做什麼工作：**花點心思記住你怎麼向新朋友自我介紹。你是不是不管在什麼場合中，都急著問新來的做什麼工作？問問你的伴侶或朋友是不是這樣吧。
- **評估自己的行為：**回想你不合時宜地問出這個問題的情形。當時你為什麼要問？你希望他們也問你同樣問題，好讓你展示自己屬於某個社會階級嗎？

- **換個方式定義自己的身分**：當某個人問你「你是做什麼的」，想想除了工作以外有沒有更好的答案。比起「我是ACME Worldwide零件部門的資深副總，專門處理帳單」，如果你回答「我是一個爸爸，一個丈夫，也是孩子的籃球教練和銀行的高階主管」，聽起來不但有趣，也比較完整。此外，用完整的方式來自我介紹，也是提醒自己平衡不同生活角色的好方法。
- **建立你的個人品牌**：有些替知名組織工作的人就以組織為個人品牌。面對關於工作的問題，回答「我在Megacorp工作」比較容易，但難免變得太過依賴。想一想，如果你不再替現在的雇主工作，你還可以說些什麼。想像你在自己的專長上是個專業顧問，而雇主只是你目前的一個客戶，這時你會如何描述自己呢？
- **別混淆工作與成就**：湯瑪斯．傑佛遜（Thomas Jefferson）是美國第三任總統、第二任副總統和第一任國務卿。他既是第二任維吉尼亞州州長，也是美國歷史上，在拉希莫山（Mt. Rushmore）與華盛頓特區中心都擁有紀念遺址的三位總統之一。[1] 然而，傑佛遜特別要求在自己墓誌銘上只能這麼寫：

「美國獨立宣言與維吉尼亞州宗教自由法作者兼維吉尼亞大學（University of Virginia）之父湯瑪斯．傑佛遜長眠於此。」傑佛遜不想以自己做過的任何工做為後世所記憶，只希望世人記住他實現的成果。傑佛遜將他那具有歷史意義的一生事業，濃縮成「推特大小」（推特以行文短小著稱）的成果摘要，只有一百七十三字而已。你希望自己的「墓碑推特」說些什麼呢？

1 譯者注　指位於拉希莫山的傑佛遜總統雕像，以及位於華盛頓特區的傑佛遜紀念堂（Thomas Jefferson Memorial）。

第12章

換個方式思考他人

聖雅各之路是一段強烈的體驗，在短短的時間內，就要認識許多來自世界各地的新面孔。朝聖者必須接觸許多不同的文化和語言，我覺得這堪比我上大學頭幾個星期的文化衝擊；當時我是個來自美國中西部郊區高中的青少年，剛到東岸大城市展開大學生活。聖雅各之路教會我從三個不同角度思考他人。

看穿國籍的表象

聖雅各之路的朝聖經驗是超越多國籍的，也是「無國籍」的。國籍在這裡再也無足輕重，每個人負有相同的使命，就是要完成這趟朝聖之旅，而對大多數人來說，這意味著徒步抵達聖地牙哥康波斯特拉。每個人也對接下如此艱鉅的任務，有一種冒險的（或瘋狂的）相同感覺。「德州」提姆對這種感覺下了這樣的總結：「我會很懷念和來自世界各地的人親密交流的時光：和來自陌生土地的陌生人分享食物、心聲、想法、希望、夢想和生命故事。我們屬於不同國家，卻是一家人。我們齊聚在這裡的原因各有不同，卻因共同的革命情感而綁在一起。聖雅各之路，我將會懷念這一切。」

來自美國的發牌員安荻（Andi）以一種激動人心的方式，在聖雅各之路上經歷一段國際團隊合作的過程，她說：「我大約在正午抵達薩摩斯（Samos），在那裡偶然遇見一個同樣正在朝聖路上的朋友，並一起度過那天下午。我們用餐時注意到天邊飄來一朵朵烏雲，後來雨滴就在我們結帳時開始落下。我們到了位於庇護所的床鋪後，外頭隨著轟隆雷聲下起傾盆大雨，等到我們收拾好行李時，天空更是世界末日般雷電交加，捲起諾亞方舟式的狂風暴雨瘋狂大作，還傳來我聽過最響亮的雷聲。雨下得又大又急，連庇護所也開始淹水。水從門縫傾注進來，我們趕緊把所有東西收到床鋪上，等到暴風雨平息時，庇護所內的水差不多淹了八英寸（約二十公分）高。接下來的整個晚上，我們都忙著把水舀出房間外，因為那裡沒有排水孔，而這件事需要史詩般大規模的國際通力合作。美國人、澳洲人、義大利人、德國人、西班牙人……哪裡人都無所謂，每一個人都是舀水隊伍的一員。他們幫我們把水舀走並清理房間時，當地人（路過幫忙的僧侶和其他人）說，那是他們見過最嚴重的暴風雨。到了晚上十點左右，我們把水都舀出去了，地也都（差不多）擦過了，大家終於可以準備上床睡覺。雖然房裡還是充滿溼氣，不太舒服，但我們的身體大致上是乾爽的。那是我永遠忘不了的一天，倒不是因為水淹得厲害，而是因為每個人都聚在一起出力。這件事體現出聖雅各之路在我眼中特別好的一面……這條路上不分國籍或地域，不論來自什麼國籍或種族，每個人都是朝聖者。只要賦予人們共同的目標，就能縮小彼此的差異！」

在聖雅各之路上，如果要給誰貼個標籤，那多半是根據他們抵達聖地牙哥的方式，而非他們從哪裡出發。例如：一個夜裡常鼾聲隆隆的男子，他在青年旅館共同臥室裡，老是害其他朝聖者睡不著覺。我不曉得他的名字、國籍或其他資訊，只知道他睡覺會打呼。我想我在聖雅各之路上，大概是以頭上那頂大綠帽和背上那張樣貌滑稽的自製陽傘出名。我之所以知道，是因為有一次陽傘掉在路上，而三位好心腸的比利時女士撿到傘後，竟然毫不懷疑該把傘還給誰。

走過聖雅各之路後，我也學會把國籍看得無關緊要。我意識到自己過去三年來在私人生活中，不斷往返於美國與歐洲之間，就是為了和一位在聖雅各之路上結識、令人著迷的女士維繫關係。我從這段經驗中了解到，我們倆在文化上的相似處，其實比歧異處更多。

我也開始明白，國籍在工作上同樣不怎麼重要。雖然我的培訓課程事業是個利基，卻是個全球利基，世界各地都有人找上門來洽詢。我和潛在客戶合作時，更著重於了解他們的需求，而非國籍。令我驚訝的，即使所屬的文化大相逕庭，培訓教室裡仍充滿覺得彼此相似多於歧異的學生。我對那些學生的記憶，也多半是他們帶來的活力與疑問，而非他們的國籍。

簡言之，聖雅各之路教會我看穿國籍的表象，從彼此擁有共同利益與目標的角度來看待他人。這麼做能一下子拓展我身處的領域，順利建立事業與友誼。

如何應用在工作上

看穿國籍的表象

- **找出彼此共同的目標與價值**：如果你和來自其他國家的同事合作，文化差異就可能妨礙團隊工作。為了迅速克服這個問題，你可以先找出彼此共同的目標與價值觀。雖然你們來自不同文化，卻都自主選擇到同一家組織工作，因此可以試著找出組織最吸引你們的地方。比方說，如果「創新」是你們的共同點，當文化差異影響團隊工作時，就可以重新以創新為本來解決問題。

- **悅納差異並藉機進行團隊凝聚**：文化差異可以提供團隊凝聚的機會。在國際團隊中很少有機會，能和來自其他國家的人進行超越表面層次的互動，「團隊凝聚」往往也令人覺得造作而勉強。藉由教導彼此的風俗、食物和其他文化差異，或許是幫助成員互相了解的一種更自然的方式。
- **從自身家族的國際根源中學習**：我從研究自身家譜的過程中，學會重新欣賞在家鄉遇到的外國人。我的祖先全是以外來移民的身分遷居美國。其中有些是十七世紀的宗教朝聖者；有些是十八世紀來自德國的契約奴工；有些是二十世紀來自東歐的經濟移民。我敬佩祖先擁有移民美國必備的勇氣，以及振興家族必備的勤奮工作倫理。我也認為當時一路上肯定有一些好心的在地居民，曾經幫助過我的祖先。舉例來說，當時和我德國祖先簽約的賓州農民一定很仁慈，我那在美國誕生的第一代德裔祖先，就是認他們作教父母。而我也想身體力行那種善待新來者的態度。

你們永遠是同一個團隊

有些朝聖者和某個團體一起踏上聖雅各之路；有些則先獨自展開這段旅程，再和其他朝聖者形成某個團體。在這些團體中，朝聖者可以互相陪伴與支持。來自美國的凱倫這麼總結她的經驗：「我們既是以團隊的身分，又是以個體的身分在運作。我們一起徒步旅行，接著各走各的，後來又遇到彼此，而且見面時感到欣喜若狂。我們從不覺得對彼此負有任何義務，但只要有人需要，我們都願意幫助彼此。我們也完全給予彼此自由，可以各自去做自認需要做的事。人生就應該像這樣。」

有些朝聖者在聖雅各之路上，遇到和自己平常生活中所屬的相同團體時，也可以獲得對方的支持。舉例來說，來自英格蘭的醫佐員麗莎表示，她這一路上不斷受到擁有同樣專業的人幫助，她這麼描述：「救護車志工關閉救護站，只是為了陪我走去找便宜的住宿。我在救護站、醫院、女修道院和陌生人家中過夜，他們出於人心的善意，提供我照顧、食物、保護和支持。」

有些朝聖者甚至在前往朝聖前，就先找到某個團隊加入了。來自美國的瑪麗安

（Maryanne）分享她的故事：「我決定朝聖後，找不到願意和我一起上路的人，更別提任何曾聽過聖雅各之路的人。因此我上網找到一個叫「西班牙腳步」（Spanish Steps）的大團體。如果你想找熱愛走路的同道中人，那真是一份很棒的禮物！」

寫書是我這輩子做過最困難的事。這是一段漫長而乏味的過程，既考驗著我，也令我膽怯。寫第一本書時，我找來經驗豐富的邁克擔任共同作者，而他教會我如何落實一本書的構想。我知道自己很懷念邁克的陪伴，但我也知道，我必須獨自訴說這個故事。

話雖如此，到頭來我也不是獨自撰寫這本書。因為我想納入其他朝聖者的故事，所以以對聖雅各之路感興趣的人為對象，在臉書張貼出一份調查問卷，最後約有一百多名來自世界各地、曾經踏上這段旅程的朝聖者，回覆了那份問卷。我知道他們的故事肯定能為這本書增色，我沒料到的禮物是，那份問卷也帶來滿滿的支持與正能量。他們的支持對我幫助很大，彷彿是我的一百個共同作者。我也覺得自己在這個過程中，就像交了一百個來自世界各地的新朋友。

如何應用在工作上

你們永遠是同一個團隊

- **認清你屬於哪個團隊：**即使你獨自工作，仍然屬於某個團隊的一部分，可以向他們尋求支持。那個團隊可能是家人或朋友，可能是現在或以前的同事，也可能是其他和你擁有相同專業的人。想一想你屬於什麼社群，以及能如何創造連結。
- **與團隊分享：**把你的目標和你追求那些目標的理由告訴團隊夥伴，分享你的經驗，並設法讓別人自由追蹤你的近況更新。舉例來說，我寫這本書時，就在臉書創立了一個關於本書的社團，方便上百人追蹤我的進度並鼓勵我。
- **把家人納入工作團隊：**對家人讓你方便工作的付出表示感激。舉例來說，我的弟弟很好心，在本書截稿日期逼近時，願意分擔一些其他原本屬於我的責任，好讓我把時間盡可能用在寫作上。

- **感謝你的團隊：**確保團隊知道你感謝他們的支持。只要有機會，你就要表彰那些幫過你的人。要做到這一點，你可以在寫書時加上致謝詞，或在受獎時發表致謝感言。要找出或創造像這樣的管道，對你的團隊傳達謝意。

制服威力無窮

在聖雅各之路上，即使朝聖者走在一群非朝聖者中，還是很容易辨別他們的身影。後背包、登山鞋和其他登山裝備，形成了今天看到的朝聖制服。朝聖制服的功能比美觀重要，什麼品牌和標籤都無所謂，無法當作財富或地位的象徵。來自美國的凱倫這麼形容：「當我們徒步走在路上，每一個人都是真正的平等。我們看起來幾乎一模一樣，並做著相同的事情。我們可能是無家可歸或超級有錢，不過那其實無所謂，誰也無法光憑外表判斷我們是哪一種。我希望人生像這樣就好了，我從沒見過像這樣的真平等。」

我從來沒做過必須穿制服的工作，因此聖雅各之路可說是我有過最近似制服人生的經驗。我熱愛這段經驗，每天我都穿上最好的服裝，靠著舒適和自信就能彌補一成不變的缺點。我也熱愛這種不必煩惱如何穿搭或換花樣的生活。即使我每天看起來都差不多，仍然是以最完美的面目示人。

除了我自己的朝聖制服，我也很高興看到，每個人的朝聖制服都讓我能和他們自在互動。最昂貴、最時髦的朝聖制服和最便宜、最土氣的相比，差別其實不大。朝聖者的裝束透露不了多少社交線索，很難看出他們在聖雅各之路以外過什麼生活。如果你想判斷誰是怎麼樣的一個人，至少要先和他交談過才行，而我們認得出彼此是朝聖同伴，自我介紹也因此變得容易許多。

如何應用在工作上

制服威力無窮

- **以身作則：**如果你是高階主管，組織裡又有一部分人穿著制服，你就可以考慮也穿件制服（至少偶爾這麼做）。我從一個朋友身上明白這麼做的力量。他負責領導美國某一家公用事業，除非要去華爾街替債券籌募資金，不然他大概都和第一線員工穿著相同的制服。
- **設法穿制服：**如果你的員工沒有穿制服的習慣，也可以找出其他創造制服的方法。比方說，如果你的銷售團隊有專門在商展穿的公司襯衫，就可以考慮讓其他員工也穿那樣的襯衫。你可以在公司週年紀念日或一週裡的某幾天，鼓勵所有團隊成員同時穿上制服。
- **找出制服的替代方案：**如果你的夥伴不想穿制服，也可以找出其他能連結彼此的東西，例如：身分識別章，而且你自己也要佩戴一個。看到老闆和第一線員工穿戴一樣的裝束，可以對組織其他人傳達強有力的訊息，也可以好好提醒高階主管，務必要把第一線員工的需求謹記在心。

- **頌揚制服**：把舊版制服或公司資格證明當成組織歷史的遺風，展示出來。如果有現任高階主管剛起步時獲頒的證件，或許就能引起其他員工的興趣。

第13章

換個方式行動

連續徒步三十天，每天走十五英里，不是什麼正常的行為。走聖雅各之路不過是意味著，朝聖者決定在人生中做點徹底不一樣的事。完成朝聖後，我學會用四種不同的方式來行動。

別光等著退休

我在聖雅各之路上遇到的朝聖者，很少是已經退休的。查過統計數據後就知道，只有三．六%的朝聖者和我一樣，在二〇一三年八月獲頒的康波斯特拉證書上，職業欄填著「退休」二字。[1] 雖然光憑夏季月份判斷退休者數量不夠有代表性，但近年來，即使在所有拿到康波斯特拉證書的朝聖者中，退休者也只占了一二%。

我很佩服自己在聖雅各之路上遇到的每一個退休者，以他們的年紀而言，我覺得他們的體態還維持在一般水準。他們退休後的日程表有更多餘裕，便決定展開徒步之旅，然後使出意志力走完全程。他們挑戰聖雅各之路的勇氣，以及堅持走完這條路所展現的毅力，都令我印象深刻。

從不同的角度來看，我甚至更佩服在擁有退休的餘裕之前，就成功踏上聖雅各之路的絕大多數人。有些人的工作允許他們休假一個月，我在路上遇到的學校教師，遠多於其他任何職業的人士。不過我也遇到許多不同專業的人，他們想辦法利用比較典型的休假行程，來規劃朝聖之旅。有些人先上路走個一兩週，等下次有類似的休假機會時，再回來走完全程；有些人想辦法獲得一個月的特別准假；還有些像我這樣的人，利用轉換工作的空檔，偷偷放自己一個特長假期。

對許多人來說，「退休」已經變成一種便利箱，可以把他們稱為「畢生願望清單」的活動，通通安排進去。只要說句「等我退休就去做」，就能輕易延遲許多你想做、卻不願全力以赴去實現的事。看著聖雅各之路上每一個退休者，我不禁納悶，有多少想來朝聖的人，會因等了太久而始終沒踏上這條路。

來自澳洲的阿蜜奈兒「遇過三個因親友去世而走上聖雅各之路的人，那三個人想為他

1 作者注　https://oficinadelperegrino.com/en/statistics/, retrieved November 9, 2016.

們走完朝聖之路。而我，對於自己能在那麼多人辦不到的情況下展開朝聖，我覺得滿心感謝。」

來自愛爾蘭的歐伊海娜分享她的故事：「我第一次踏上聖雅各之路時，是為了和終生摯友一起慶祝我們倆的三十歲生日，我們還約好在四十歲生日時，要再走另一條從巴約納（Baiona）出發的葡萄牙海線……我朋友在三十八歲時驟然去世了，但我還是走上聖雅各之路紀念她，慶祝我們的四十歲生日。」

如何應用在工作上

別光等著退休

- **重新定義截止期限**：我不喜歡用「畢生願望清單」一詞當作人生目標宣言。

死亡是很可怕的截止期限，當截止期限加強聚焦的某項任務，是人還有足夠的時間與能力去完成的，就可能形成強大的強迫機制。然而，那對人生目標卻起不了作用，我們的能力往往隨年紀增加而衰退，趁我們有能力時列出想要完成的「生活願望清單」，肯定好得多。對於像徒步走聖雅各之路這樣需要體能的目標，就可以設定扣下板機般的截止期限，警示自己機會何時將要溜走。與其說走聖雅各之路在你的「畢生願望清單」上，不如說那是在你連一英里也走不了之前，想要去完成的其中一件事。

- **為眾多目標排序並設限**：光是列出許多退休後待辦事項又不謹慎規劃，可能就會淪為一長串不分輕重緩急的雜務，而你永遠也不會著手完成。如果你已經列出清單，就要接著排出優先順序，並聚焦在有限的幾件事情上。列出最重要的五件事或十件事，有助於凸顯出那些目標的重要性與急迫性。以容易管理的有限數字為限制，開始履行清單時就不會那麼有壓迫感，而且履行後勾銷一或多個事項時，更容易得到成就感。
- **分段進行願望清單**：如果你有幾件想在退休後做的事，何不趁著退休前嘗試進行其中的一小部分？如果你想去聖雅各之路，就可以取消某次慣常的一週假期，並把那一週用來試走聖雅各之路。也許你會發現自己不喜歡，決定從人生目標清單上取消這件事。或者，也許你會愛上這件事，想要展開更多類似的冒險。如果你退休後「想寫一本書」，何不趁著還在工作時，就利用閒暇時間用部落格或紙筆寫點短篇故事？說不定那些故事最後能出版成書，說不定你也會發現，你寧可在清單上列入其他的事。

先買好機票，再想辦法

計畫聖雅各朝聖之旅是一件複雜的事，朝聖者必須找到財務能力和身體能力的甜蜜點，並與另一項能力協調一致：暫時放下其他責任，放自己幾個星期假。這段計畫過程可能嚇跑一些潛在的朝聖者。

來自美國的高階主管戴夫（Dave）針對他和妻子如何決定展開朝聖，分享自己的故事：「二〇一四年時，我以為自己很成功，我什麼都有了。當時我五十三歲，有一個漂亮老婆、兩個事業有成的孩子，還有一棟不錯的房子，又在一家市值高達四十億的公司擔任高階主管。接著公司提前一週發出預警，說要解雇我。我在那家公司度過充滿壓力的十四年，每天工作十二小時，甚至許多週末也得這樣加班。我體重過重，每年長途通勤超過十萬英里。我根本沒準備好展開下一段旅程，回家告訴我老婆這件事後，兩人一起商議下一步怎麼辦。我說：『我們從這件事製造點正面的結果吧，趁現在完成「畢生願望清單」的項目。我們去走聖雅各之路。』我老婆看我的樣子彷彿我瘋了，她說：『以你這身材走五百英里嗎？你連遛狗也不喜歡，更別說走五百英里了。』我說：『我們還有時間計畫和瘦身啊。我們已經不年輕了，如果我真不能走，到時就搭巴士，好好享受一段假期吧。』隔天，我們就買好機票和耐穿的登山鞋，展開我們的旅程。兩年後回頭看，我覺得自己很幸運，那是我能遇上的最棒的事情。那是一份禮物，只是當時我不知道。」

我利用休假時間完成過許多徒步之旅、單車之旅，一路上面臨的體能或心理考驗，向來不是最令人備感壓力的部分：展開旅程的前幾個星期，才是每一次旅行中最令人焦慮的部分。雖然這時我知道自己想上路，卻沒辦法下定決心買好機票。我可能會耗費數日搜尋最便宜的飛機票價，以及最完美的行程，然後變得更加不知所措。我擔心如果扣下板機，買下某個航班機票和行程，隔天冒出更好的選項就糟了。但我最後一定會買下其中一種，這時我的壓力就大幅減輕了。因為我一買好機票，就確定自己即將啟程，所以接著可以著手處理細節。確定日期前，我會考量一系列無止境的可能旅行計畫，一旦立定計畫，並確定好日期，就可以開始解決旅途中間的細節。當我回顧過去，衡量自己尋找便宜機票所花費的時間，以及所省下的金錢，才明白自己應該早早買好機票才對。

我了解到，假期在我買下機票那一課才真正開始。唯有先訂好計畫並買好機票，研究路線和住宿的選項才有意義。而我計畫旅行時，想像自己在旅途中的每一天，幾乎就像是上路前先在虛擬實境中體驗假期。心理的假期可以比身體的假期早幾個星期開始。

如何應用在工作上

先買好機票，再想辦法

- **辨識障礙**：任何像聖雅各之路這樣的冒險，最困難的部分就是跨出第一步。總有數不盡的好理由，可以說那樣的冒險是個壞主意，例如：你不能擺脫工作或家庭責任去休假、你體格不好、你到時可能不喜歡、你負擔不了費用。一旦你決定去做朝聖般的艱鉅任務，就要先找出路上的障礙，再把那些障礙分門別類。
- **設法跨越障礙**：第一類是你能改變的事情。比方說，你可以把自己鍛鍊成適合行走的體格，或許也可以為旅程儲備好現金與休假時間。把每個障礙都寫下來，想清楚你要做些什麼才能跨越那些障礙，並估計你所需要的時間。一等你寫好這些東西，你就擬出計畫和開始日期了。
- **應變計畫**：接著，想想你不能改變的事情。比方說，也許你不喜歡走聖雅各之路，也許你會因受傷而無法繼續走。想出一套應變計畫來挽救這段體驗。

- **扣下板機：**一旦你訂出開始日期與應變計畫，就去買機票吧。機票會以白紙黑字定下截止期限，幫你集中心思跨出第一步，也象徵著你對展開冒險做出的承諾。你再也不能光說不練，你已經握有踏上聖雅各之路的機票了。
- **回想以前的重大轉變：**如果你還是沒信心扣下板機，就回想以前你面臨重大決策時猶疑的樣子。那可能是接下新工作，也可能是將私人關係推進至下一步。回想當時你懷著什麼樣的心態，有助於評估你現在卻步是出於可靠理由，還是神經緊張而已。

少即是多

因為每天都要背著背包走好幾小時、好幾英里，所以朝聖者花很多心思考慮背包要裝多重。有個笑話說，朝聖者走到旅途終點時，就知道他們的內衣褲有多重了。把一個月來所需的一切背在背上的過程中，我學會聰明區分我需要的與我想要的。多樣的服裝顏色和款式，只會增加背包裡的複雜性與重量。旅途第一週結束時，我發現在八〇%的時間裡，我裝進行李的服裝只有二〇%派上用場，剩下的都是固定負重。最後我扔掉一大堆「我想要」的衣服，並多多清洗、穿著那些「我需要」的衣服。

聖雅各之路教會來自紐西蘭的凱拉一些事，他說：「第一天行經庇里牛斯山，我學到關於物質主義的深刻教訓。當時我們的背包裡幾乎什麼也沒有，不過在巴黎停留時我曾偷帶一些兒童繪本（這是我們沿途蒐集的東西），以為背幾本書走八百公里穿越西班牙沒啥大不了！但第一天辛苦跋涉過那座山後我才明白，這輩子我不需要任何把路變得更難走的東西。那些書把一切變得更令人難熬，於是我們在隆塞斯瓦耶留下美麗的新書，希望我們卸下的行李能讓當地的兒童開心點。一次小小的教訓讓我明白，真的，我的**快樂不必依賴物質，那只是你要背負的多餘東西，只會讓你邁向下個目的地的腳步變得更沉重**。」

有些朝聖者離開聖雅各之路後，仍然試圖在生活中延續極簡策略。

來自美國的凱倫這麼描述她的朝聖經驗：「我有個背包，裡面裝了我可能需要的一切，最多可能是十五磅（約七公斤）重，此外我不需要任何東西。回家後我試著清除多餘物品，然後罷手，現在又一次試著拿掉我用不到的東西。」

來自紐西蘭的珍珠從朝聖之旅中形成這個見解：「卸下你生命中不必要的包袱——你無法背負那一切。如果某件事不是你的責任，你又拿它沒辦法，就拋下它吧。」

我開始思考，用極簡主義的觀念來審視工作上的計畫，能發揮多大作用。我記得自己看過很多新的科技計畫，都因額外加入「有的話也不錯」的項目，而變得過於龐大。對於在計畫中增加新的要求，我和其他任何人一樣感到內疚。我懷疑如果我是負責執行計畫的那個人，會有多想增加那些新的要求？

如何應用在工作上

少即是多

- **審視計畫時要嚴酷一點**：我在工作上審視未來計畫時，總會嚴格要求自己判斷，哪些是為了順利實施計畫必要留下的，並排除計畫中「有的話也不錯」的非必要部分。如果我想在已經確立的範圍內加點新東西，就會先找出並排除某個相同規模的事項，好在計畫中騰出空間。
- **重視速度勝過規模**：在計畫涵蓋範圍與所需完成時間之間，往往要做出取捨。選擇能快點實施的小範圍計畫有很多好處，你可以擊退其他想加入市場的競爭者，並省下更多成本，也可以迅速獲得實戰經驗，把下一次計畫循環定義得更好。
- **就地取材**：仔細檢視計畫並納入一切所需材料的想法很誘人，但這股想要徹底獨立於外在世界之外的欲望，可能會把計畫塞得太過龐大。聖雅各之路有一點我很喜歡，就是我不必攜帶帳篷、食物和水上路，靠著沿途設施就能滿足這些需求。

- **裝種子，別裝成熟的作物**：你可以把這套「少即是多」的策略，從背包旅行推廣到人際溝通上。為你的電子郵件、部落格或簡報，訂下最多頁數或最多字數的限制。藉著用寫作來傳達想法，而不只是描述事物，你就能在那樣的「字數預算」中裝進最大價值。關於想法的描寫，剛好足夠即可，讓讀者自行了解其餘部分。接著，用剩下的字數描繪心理圖像，如果每幅圖像都勝過千言萬語，你的話語就能像落在土裡的種子那樣，繁花盛開。

放下你帶在身上的石頭

鐵十字架在許多朝聖者心目中，標誌著聖雅各之路最重要的一部分。鐵十字架位於聖雅各之路的最高點，從這裡再走大約兩個星期，就能到達終點聖地牙哥康波斯特拉。這座十字架坐落在一大堆與日俱增的石頭上。傳統上，朝聖者會帶著一顆石頭踏上聖雅各之路，走到鐵十字架時再放下它。每個朝聖者都會進行這項儀式，把自己的石頭加入石堆中，許多人還會念一段禱文。

許多朝聖者之所以展開朝聖，是為了化解某些令他們心力交瘁的困擾。有些人的困擾是因應生命中的失落；有些人的困擾，則是拋開他們一直以來要承擔的過多包袱。有些朝聖者會和其他人分享自己的目標，希望獲得支持；有些朝聖者則守口如瓶。朝聖者都學會別去多問。

在鐵十字架，一些朝聖者和我分享他們的經驗。

來自愛爾蘭的強納森說：「步行途中，在某一刻把一顆石頭拋在後頭，真的很鼓舞人心。我這麼問自己：我們能把想法拋諸腦後嗎？能拋開煩惱嗎？如果不先拋開問題，我要怎麼對付那些問題？」

來自美國的黎雅認為：「我能拋開那些我從不該留下的東西，減輕負擔後，我仍然可以好好繼續前進……我的後背包隱喻著我的責任。我有能力理清楚，哪些事真的不是我的責任，或哪些事我必須在人生中設法和平共處。」

來自澳洲的溫蒂「在鐵十字架意識到，那些落在十字架周圍的石頭充滿了目的，而我們許多人為了繼續向前走，有這麼多需要拋諸腦後或讓自己解脫的東西。那些石頭象徵著我們拋在後頭的『恐懼』或『消極態度』」。

談到聖雅各之路時，來自澳洲的黛比分享這段令我印象深刻的故事：「為什麼選聖雅各之路？十九個月前，我丈夫離開了我。期間有幾次我覺得一切都完了，我活著不能沒有他。後來，我聽說在歐洲聖雅各之路徒步朝聖的事，還有去一趟回來後的人會變得多麼不同，我想這或許能把前夫趕出我的腦海和內心。於是我訂好機票和住宿，並等了六個月，做了一大堆研究，也讀了不少個人經驗談。就在那時候我才明白，這是一趟關於我的旅程，而不是他。我必須向自己證明，我既不需要他，也不需要他的認同，是時候看看我能靠自己做些什麼了。這趟旅程帶著我跨出舒適圈，讓我度過一段極其美好的時光。」

雖然我自己踏上聖雅各之路時，只把這當成另一場冒險之旅，但到最後，聖雅各之路也開始對我發揮這種影響力。我在石堆上留下的石頭，象徵著過去數年來，令我不堪負荷的兩個包袱，包括專業工作上的，以及私人生活中的。我在拋下它們以後，才明白它們帶來的負荷有多麼沉重。

如何應用在工作上

放下你帶在身上的石頭

- **認領你的包袱：**在生活中或工作上，我們都背負著一些不堪負荷的包袱：某個我們想戒掉的壞習慣、某種我們從未直視的恐懼、某種我們無法跨越的失落、某段我們無法逃離的有害關係。不論你的包袱是什麼，放下它的第一步就是找出它。
- **秤秤包袱：**下一步是評估那個包袱如何影響你和他人。這個包袱如何塑造你的行為？你在掩飾這個包袱嗎？比起被包袱壓得心力交瘁之前的日子，現在你的行為表現有何不同？這種行為表現如何影響你的生活與工作？又如何影響那些在工作上和家庭中需要你的人？

- **拋開包袱：**改善領導能力的最佳方法，就是從身為人的層次改進你自己。承諾拋開你正在背負的那顆石頭，並為此設下截止期限，定義成功的模樣。
- **找出你自己的鐵十字架：**如果你無法順利拋開你的包袱，何不試著展開聖雅各之路般的冒險？聖雅各之路是我經歷過最有效的變革媒介，我再也沒看過我留在石堆上的包袱。

Part 4

分享聖雅各之路

西班牙剛索（Ganso）附近的聖雅各之路。

第14章
翻轉自我的冒險之旅

回到「現實」世界，朝聖者就變成弘揚聖雅各之路的大使，到處鼓勵別人跟著上路。

來自英格蘭的泰瑞說：「只要可以，我隨時都會分享自己的聖雅各之路朝聖經驗……聖雅各之路帶給我目的感。」

來自美國的裘蒂這麼鼓勵其他人：「你辦得到……你要對付的最大障礙是自己的心。你比你能想像的還要更堅強。」

來自美國的瑪麗安這麼分享她的故事：「當人家發現我走過聖雅各之路，似乎就對我敬畏起來，這令我捧腹大笑。每個人都做得到啊，只不過你必須真的很想做這件事，並撥出時間來完成。」

來自英格蘭的史蒂芬說：「別人對我完成朝聖之路難以置信，這也激勵一些朋友認真考慮自己也去一趟。我也相信，只要有時間，任何年齡的任何人都能去聖雅各之路。」

並不是每個人都能請一個月假或每天徒步十五英里，即使你無法展開朝聖，還是有辦法得到相同的益處。你可以試著找出其他途徑，來了解聖雅各之路教導的道理。聖雅各之路之所以是翻轉自我的冒險之旅，主要是因為以下六大特點：

自我觀照的獨處時光

在聖雅各之路這樣的小徑上，你很容易獲得充分的獨處時光。如果你想遠離其他人，只要放慢或加速腳步，讓其他人經過你身邊就行了。考慮到現代的通訊科技，獨處時光也意味著關上手機以免分心，在缺乏訊號覆蓋的荒郊野外旅行頗有幫助，因為可以徹底排除接聽手機的誘惑。此外，這也給了你不必隨時讓人聯絡到的好理由。一旦你擁有獨處時光，就會發現自我觀照變得容易多了。

小訣竅

找出一些冒險活動，讓自己與外界的工作和生活一次中斷聯繫幾個小時，像是到偏遠地區旅行。其他不能分心的活動，像是騎摩托車，也有幫助。

和陌生人輕鬆互動

聖雅各之路提供許多遇見新面孔的機會，朝聖者每天在路上都遇得到彼此，沿途在飲食休息區和地方名勝也會碰面，每晚在庇護所還會重逢。每一回和陌生人的互動都是一個機會，可以和背景與自己截然不同的某個人展開對話。

小訣竅

找出一些冒險活動，讓自己和陌生人輕鬆展開互動，比起獨自駕駛，像郵輪或火車那樣的交通方式更好，團體旅行也是一個好辦法。

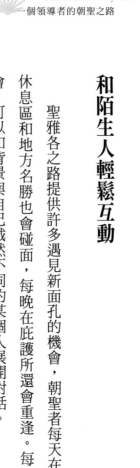

面對共同挑戰培養戰友情誼

在聖雅各之路上克服共同的體能挑戰，可以在朝聖者之間培養戰友情誼。上路後幾天之內，每個朝聖者就有自己的「戰地故事」和小祕訣可以分享，很容易和其他朝聖者建立關係。這些故事和祕訣也有助於和去過聖雅各之路的朝聖者，或未來將要上路的朝聖者建立情誼。就是因為有這種戰友情誼，你在進行某件事的感覺和你屬於某件事的感覺，才有所不同。

小訣竅

找出一些為追求某種共同利益的冒險活動。例如：歷史、血緣、運動團隊、校友社團，以及其他事物背後的共同利益，就可以提供一種自然的戰友情感。

旅程中的路線圖

聖雅各之路沿途都有妥善規劃的標誌，因此朝聖者不必緊緊死盯著地圖，也更能體驗這趟旅程。小徑上的標示也不只是實體的標誌。旅遊指南能提供寶貴的地圖和路標，同時意味著，有夠多的人有過相同的經驗，也證明了旅遊指南的存在。

小訣竅

找出一些組織完善且記錄翔實的冒險活動。如果你找不到關於某個潛在冒險活動的旅遊指南或網站，就要重新考慮是否進行這場冒險。

從有意義的成就中獲得自信

在聖雅各之路上走一個月，將帶領朝聖者跨入一個專屬團體——成員都是曾經徒步穿越某個國家的人。我曾聽說有些人徒步穿越美國，覺得非常佩服，但因為要走好幾個月，所以我從沒考慮過自己要親自嘗試。找出一段聽起來夠厲害的冒險之旅，好說服自己相信，只要願意下定決心去做，你就能辦到那些聽起來不可能的事。

小訣竅

找出一些起點和終點聽起來像是很大成就的冒險活動。舉例來說，比起花一個月在隨便選到的地方行走八百公里，徒步穿越西班牙聽起來就比較有意義。

從超凡的體驗中獲得啟發

許多人踏上聖雅各之路是為了獲得宗教啟發，許多人則從歷史中找到啟發。一趟好的冒險旅程，應該能帶來某種你在日常生活中得不到的啟發，那可以是怡人的自然美景、引人入勝的歷史，也可以是個人家族的連結。無論那是什麼，你都應該以更深刻的方式與這趟冒險產生連結，敞開心胸接納一切美好。

小訣竅

找出一些能帶你遠離日常生活經驗的冒險。

這六個特點結合在一起，將聖雅各之路變成一場翻轉自我的冒險之旅。如果你無法親自踏上這條路，還有什麼經驗能部分（或完全）提供這些特點呢？

從事一項你做得到的不同冒險：如果你對徒步穿越整個國家沒興趣，也可以考慮用不同的旅行方式來穿越一個國家。你可以開車、搭火車或騎單車，甚至可以搭艘船。旅行的方式有很多種，只要你願意試，那些方式都可能涵蓋上述至少某些要素。

找出已經存在你生命中的冒險：也許在你人生中某個層面，你正過著冒險般的生活，而且能專注在那上面。諸如教養子女、照顧親人、在晚年重回校園、重返職場等，都是我們每天經歷的冒險。如果你正活在像這樣的冒險之中，想一想，你如何從這些經驗中找出前述的某些特點。

在旅途中露營：有時候，體驗一段旅程的方式就是在途中露營，並看著在你身邊發生的冒險事件。有些人透過在庇護所志願服務一週（或更久），體驗聖雅各之路的生活。他們不必自行徒步，就能遇見許多來自世界各地的朝聖者。此外，在其他地方擔任志工，服務有需要的人，同樣能經歷一段改造自我的冒險之旅。

如果你正在考慮展開聖雅各之路般的冒險，還有最後一件事你該知道：你的冒險之旅從你起心動念考慮上路的那一天開始。因此讓我當第一個對你說這句話的人吧——「Buen Camino!」

後記
願你找到自己的朝聖之路

如果你把聖雅各之路想像成一家組織，那將是一個沒幾個其他組織能夠相提並論的成功故事。這條路誕生一千年了，至今仍然非常受歡迎，如今還有多少組織（像是城市、國家、宗教等）在千年之後依然興旺如昔？如果「千年俱樂部」（Millennium Club）舉辦年度會員聚會，聖雅各之路應該會屬於非常專屬的一群。

表面上看起來，聖雅各之路的一個成功原因，是它的任務清楚而一致，今天聖雅各之路要實現的目的，和一千年前它剛成立時要實現的目的完全一樣。這條路藉著位於西班牙西北角的聖雅各聖殿，將來自世界各地的朝聖者連結起來。雖然過去數千年來，運輸科技已經大大改變了，聖雅各之路卻沒怎麼改變。

深入探究就會發現，聖雅各之路的成功之處，在於它能夠滿足數世紀以來未曾消褪的顧客需求——朝聖。雖然朝聖在過去數世紀以來已經大幅改變了，但從未徹底消失過。一開始在聖雅各之路上，朝聖意味著人去追尋某種宗教領悟，並且是利用最容易取得的工具旅行——雙腳徒步。隨著日子過去，這段旅程本身開始成了報償的一部分（或大部分），旅遊觀光、追求冒險、自我發現和其他內在驅力，也開始成為朝聖的動機。聖雅各之路藉由喚起這種需求，以充分多元又不斷更新的客源為基礎，漸漸發展茁壯。

來自美國的克里斯（Chris）下了這樣的總結：「在聖雅各之路上，一位愛爾蘭牧師告訴我一件很棒的事情：每個人都在問彼此來聖雅各之路的理由，但他們都錯了，是聖雅各之路選擇了他們。」

聖雅各之路選擇了我，就像數世紀以來它選擇了數以百萬計的其他人。這條路靠著旅遊和追求冒險的魅力，吸引我踏上這趟旅程，最後帶給我它知道我需要的自我發現。

謝謝你們容我分享自己的朝聖故事，但願你們也能找到自己的朝聖之路……或屬於你們的朝聖之路能找到你們。

附錄A

踏上聖雅各之路前要知道的事

如果你讀過本書後，考慮踏上聖雅各之路，那麼還有比這更好的書，可以幫你為相關計畫做好準備。約翰·布萊爾利撰寫的聖雅各之路朝聖指南，似乎最受和我同行的朝聖者歡迎，至少那些偏好英文書籍的讀者是這樣。我用的就是那本書，也很推薦，在你做行前計畫時，以及在聖雅各之路上需要指引時，就可以從中找到幾乎所有需要的資訊。

我會協助你判斷投資一本聖雅各之路朝聖指南，究竟值不值得。一些讀者看過我的聖雅各之路經驗談後，開始考慮自己踏上朝聖之旅，並向我提出一些問題。通常他們最大的問題，就是他們是否真的能走完聖雅各之路。以下是我最常聽到的十種顧慮，以及我的回應。

1.「我走不了那麼遠。」——大家一聽到在聖雅各之路上，平均每天要走十五英里，往往就嚇傻了。那就像每天行走超過半程馬拉松的距離。關鍵在於，朝聖者有整天的時間可以走完那樣的距離。通常一個人每小時能走三英里左右，因此在聖雅各之路上普通的一天，就是以這個步行速度走五小時左右。即使你加上休息時間，以及因背包重量而放慢腳步的時間，只要趁著早晨出發，每天還是有足夠的時間走完這個距離。

2.「我沒辦法休假一個月。」——如果你想一次走完整條穿越西班牙的聖雅各之路，就需要一個月或更長的休假。然而，也有許多朝聖者藉著分段走聖雅各之路，來解決這個問題。有些人一次走一星期或兩星期；許多人則僅僅走完抵達聖地牙哥的最後一百公里（約六十二英里），也就是徒步者獲得康波斯特拉證書所需行走的最短距離。

3.「我負擔不起費用。」——大多數人都知道自己能否負擔機票費用，或其他前往聖雅各之路的交通費用；他們不知道的是，自己能否負擔一個月裡每天住宿的費用。聖雅各之路的祕密，就是沿途都有只對朝聖者開放的廉價旅館。這些青年旅館（庇護所）對於寢室與餐點，往往只收取朝聖者的預算能負擔的最低費用，有些旅館在朝聖者付不出錢時，甚至願意提供免費服務。不過其中的取捨就是，這些住處通常只提供共用臥室的一個床位和共用浴室。

4. 「我不會說西班牙語。」——就像在大部分仰賴觀光客的西歐地區，通常當地服務人員至少會說點英文。諷刺的是，雖然我會說西班牙語，但一路上到處都有人在說英語，反而很少有必須派上用場的機會。倒不是因為說英語者占朝聖者的大多數，而是因為朝聖者來自許多不同國家，各自說不同的語言。英語是最普遍的第二語言，我從不同國家朝聖者那兒聽來的對話內容，多半都是用英語說的。

5. 「我沒有宗教信仰。」——這條路起源於宗教因素，至今仍然和羅馬天主教會密切相關，許多主要觀光景點都是教堂。但是要當個聖雅各之路朝聖者，並沒有宗教上的條件或禁令，你可以屬於或不屬於任何宗教。如果你不想和宗教扯上關係，就可以避開教堂。此外，有些庇護所之所以慷慨提供廉價住宿，部分原因就是想迂迴進行祈禱儀式或宗教服務，但你也可以避開這樣的庇護所。你可以憑自己喜好，在朝聖經驗中盡量增加或減少宗教活動，唯一要做的就是體貼地尊重沿途遇到的人，尤其是那些出於宗教信仰上路的朝聖者。

6.「我無法獨自旅行。」——許多人獨自踏上聖雅各之路。因為聖雅各之路的結構特殊，所以和典型的歐洲觀光假期很不一樣。一路上朝聖者自成一個社群，通常會注意對彼此伸出援手。那些同時啟程或同時抵達終點的人，會形成一個鬆散的團體，往往同時在同個地方吃飯睡覺。因為擁有共同的朝聖經驗，所以很容易遇見並結交新朋友。

7.「我無法跟著團體旅行。」——雖然聖雅各之路是非常傾向社交團體的體驗，但也不是非得如此。如果你想要，很容易就能完全獨立於其他朝聖者之外，想要躲開人群並不怎麼費事。你只要在某一天加速或減速，就能進入新的朝聖者團體的活動範圍。

8.「我爬不了陡峭的爬坡。」——對於從法國出發的人來說，爬過形成西班牙邊界的庇里牛斯山時，是朝聖一開始的重大障礙。經過那段路後，還有幾天必須克服陡峭的爬坡。如果你想避開這段路，可以選擇從庇里牛斯山之後的地區出發（例如：潘普洛納），也可以省略一些崎嶇路段，或採取其他交通方式。我就是從潘普洛納開始走，不過上述每個選項都要付出一點代價，你可能會覺得自己在抄捷徑，錯失完整的朝聖體驗；你也可能追不上或超前某個朝聖者團體。只要你想領取康波斯特拉證書，那麼無論如何唯一要走過的地方，就是最後那一百公里。如果你可能因陡峭爬坡而無法展開或完成這趟旅程，就做你必須做的事吧。我不後悔自己省略庇里牛斯山的決定，因為那是整體決策的一部分，使我變得勇敢並踏上聖雅各之路。我只要未來朝聖時再去那裡就行了。

9.「我無法和陌生人共用住處。」——大多數朝聖者至少會在某間青年旅館待一晚，那裡只有公共臥室和公共浴室。許多人這麼做是為了省錢的優點，有些人則把它視為朝聖體驗的一部分，在某些情況下則可能是別無選擇。許多朝聖者過去從不曾在旅程中住進共用臥室，但他們都克服了上路前那種想要私人臥室的心態，或許你也可以。我承認我自己辦不到，一路上我都預先訂好私人房間。雖然那樣住得自在，卻要大費周章，而且要跟著死板的旅行計畫走。我的朝聖者朋友聽了都笑我，而我也錯過這部分的朝聖經驗。但畢竟那是讓我最後勇敢上路的決定，所以我也不會想改變。下回我重返聖雅各之路時，至少會住住看共用臥室。

10.「我不能和外界失聯。」——如果你連休假都要全天候待命，聖雅各之路就不適合你。聖雅各之路的大部分路段，都是小村莊之間偏僻的鄉間小路。如果你從海外來，大概就和你的家、你的辦公室隔了好幾個時區。如果邊走邊工作，你也可能毀掉自己的朝聖經驗，並干擾到其他同行的朝聖者。但如果你只是需要定期確認一下，還是行得通，午餐地點或晚間住處通常都有無線網路。如果除此之外，你在休假期間必須和工作扯上更多關係，我建議你在規劃下一段假期時，專心衡量「為什麼」和「如何」的問題。

如果你還在思考如何踏上聖雅各之路，以下是幫你進一步釐清計畫的幾個建議。

- **何時開始：**替聖雅各之路安排啟程時間，其實很像在安排旅歐假期。夏季月份最擁擠、最炎熱，尤其是八月，可以的話最好別在那時候去。而且最好也別選在冬天，天氣可能會很冷甚至很危險，尤其是在山區和高海拔地區。在那樣的季節裡，你遇不到幾個朝聖者，有些庇護所也不開放。秋天大概是最好的朝聖時節，通常天氣都比較和煦，當朝聖小徑熱鬧起來，相關設施都會開放，你也能遇到其他朝聖者。此外，晚春也是上路的好時機。

- **選擇哪一條路線：**聖雅各之路有很多條路線都穿越西班牙，只是起點不一樣。目前為止最受歡迎的路線，是循著弧線穿過西班牙北部的法國路線（聖雅各之路法國線），一路連接潘普洛納、布哥斯和萊昂（León），最後到達聖地牙哥。而位於庇里牛斯山在法國一側的聖祥皮耶德波城（St. Jean Pied-de-Port），則是傳統的起點。此外，也有其他沒那麼擁擠，歇腳處與用餐處又比較稀少的路線。我和典型的聖雅各之路新手一樣，第一次朝聖就選擇法國路線，但下回我打算走葡萄牙路線。
- **從哪裡出發：**決定從哪兒啟程取決於旅途的長度和你的目標。如果你想以聖地牙哥為終點並獲得康波斯特拉證書，又只有一個星期能運用，那麼你大概要從薩里亞（Sarria）附近出發。這條路線從那裡開始就變得特別熱鬧，許多團體都從那裡上路，尤其是西班牙人。對已經連續行走數星期的人來說，交通尖峰路段可能是不太愉快的轉變。如果你只有一星期能用，又只想體驗旅程中最棒的部分，我建議你走抵達薩里亞前一星期的路程，或是從聖祥皮耶德波出發的第一個星期的路程。如此一來，就能避開梅塞塔高原大部分平坦地形（那是一路上風景最平淡無奇的地段）。如果你有整整一個月能用，就從聖祥皮耶德波出發，穿越庇里牛斯山的過程將帶給你「完整的朝聖體驗」。

- **如何規劃**：令人想像不到的是，長達一個月的假期要花很多時間安排，最好的著手方式，就是先針對有關聖雅各之路的主要選項做出一些決定。首先，你可以獨自上路，也可以跟著團體行動，有很多旅行社能幫你規劃行程，辦妥一切事宜。如果你願意為服務付費，團體旅行或許是說服你自己上路的好辦法。接下來的重大決定則是機票，你可以訂好來回機票，同時確定自己旅行的天數；另一個選項則是購買兩張單程機票，給自己多一點時間上的彈性。最後一項重大決定就是想清楚，要不要預訂過夜的住宿。這麼做要大費周章，而且未來必須跟著旅行計畫走，不過因為庇護所在旺季容易客滿，所以也能減輕朝聖者在那時上路面臨的壓力。

我希望這幫得上忙。Buen Camino!

附錄B 聖雅各之路的現況

有多少朝聖者踏上聖雅各之路？自一九八六年起，聖地牙哥主座教堂就持續記錄，統計完成朝聖之路並獲得康波斯特拉證書的朝聖者人數。官方核發的康波斯特拉證書總數，已經由一九八六年的二千四百九十一份，穩定增加至二〇一五年的二十六萬二千四百五十八份。[1]大約每五年一次出現禧年（Holy Year）時，朝聖者人數會大幅上升，不過隔年就會回歸正常成長幅度。

有多少朝聖者確實走完聖雅各之路？自一九八六年起，官方發出二百八十萬份康波斯特拉證書，給那些至少徒步走完最後一百公里（或騎單車走完最後兩百公里）的朝聖者。[2]二

1 作者注 http://www.americanpilgrims.org/assets/media/statistics/compostelas_by_year_86-15.pdf, retrieved November 9, 2016.
2 作者注 http://www.americanpilgrims.org/assets/media/statistics/compostelas_by_year_86-15.pdf, retrieved November 9, 2016.

○一五年獲得證書的朝聖者中，有九○%是徒步，其餘則是騎單車。[3] 此外，在統計資料橫跨的三十年期間，有半數證書都是在近七年內才發出的。

現在的朝聖者來自何方？如今，康波斯特拉證書領取者的國籍，大約可以平均分為西班牙人和非西班牙人；其中，外國人自二○一二年起占有過半數多一點，而且不斷成長。[4] 大多數非西班牙朝聖者來自歐洲其他國家。

有多少美國公民踏上聖雅各之路？來自美國的朝聖者只占了一小部分，不過持續增加中。自二○一○年電影《朝聖之路》上映以來，領取康波斯特拉證書的美國人，從原本平均占總人數的○．八%，升高到現在的二．五%。[5] 如果假設，從一九八六年至二○○六年間，所發出的一百零三萬九千一百零二份康波斯特拉證書中，有○．八%給了來自美國的朝聖者，那就表示在這段時期大約有八千份康波斯特拉證書是發給美國公民。[6] 二○○七年至二○一五年間，在蒐集到國家統計數據後，有二萬七千五百六十九份康波斯特拉證書發給美國公民。[7] 這表示自一九八六年至二○一五年間，估計官方發給美國人的康波斯特拉證書，總共有三萬五千份左右。有鑑於美國人口數為三億以上，這表示截至二○一五年為止，大約每一萬個美國公民中就有一人獲得康波斯特拉證書。[8] 現身在聖雅各之路上的美國人數持續快速增加，已經從二〇一一年的二%上升至二〇一五年的五・二%。[9]

今天的朝聖者是誰？康波斯特拉證書領取者的男女比例大約均等，不過直到一九九〇年代初，男性人數原本仍然超過女性，為二比一，後來女性人數快速增加才漸漸拉平。[10] 近十年來，約有五五%的證書，發給三十歲至六十歲人士；約有三〇%發給三十歲以下人士；還有一五%發給六十歲以上人士。[11] 二〇一五年，有一九%的康波斯特拉證書發給職業欄填著「學生」的朝聖者；有一二%發給「退休人士」；餘下證書則分布在其他各式各樣職業中。

---

3 作者注 https://oficinadelperegrino.com/en/statistics/, retrieved October 6, 2016.
4 作者注 https://oficinadelperegrino.com/en/statistics/, retrieved October 6, 2016.
5 作者注 http://www.americanpilgrims.org/assets/media/statistics/apoc_credentials_by_year_07-15.pdf, retrieved October 7, 2016.
6 作者注 http://www.americanpilgrims.org/assets/media/statistics/apoc_credentials_by_year_07-15.pdf, retrieved October 7, 2016.
7 作者注 http://www.americanpilgrims.org/assets/media/statistics/apoc_credentials_by_year_07-15.pdf, retrieved October 7, 2016.
8 作者注 http://www.americanpilgrims.org/assets/media/statistics/apoc_credentials_by_year_07-15.pdf, retrieved October 7, 2016.
9 作者注 http://www.americanpilgrims.org/assets/media/statistics/us_percent_total_compostelas_07-15.pdf, retrieved October 6, 2016.
10 作者注 http://www.americanpilgrims.org/assets/media/statistics/compostelas_by_sex_91-15.pdf, retrieved October 6, 2016.
11 作者注 http://www.americanpilgrims.org/assets/media/statistics/compostelas_by_age_06-15.pdf, retrieved October 6, 2016.

其中不少學生可能是西班牙學校團體旅行的成員。

今天踏上聖雅各之路的朝聖者是為了什麼原因？近十年來獲得康波斯特拉證書的朝聖者中，有四〇％指出他們展開旅程的動機是「宗教」；同一時期，有五％至九％指出是「文化」；其他朝聖者則表示，某種程度上是這兩種動機混在一起。[12]

12 作者注 https://oficinadelperegrino.com/en/statistics/, retrieved October 6, 2016.

致謝詞

多虧許多出色的夥伴支持，這本書才得以出版，我要向你們所有人致上由衷的謝意。

給所有在聖雅各之路生活、工作，以及志願服務的人——感謝你們給予朝聖者的善意與援助。

給支持聖雅各之路和朝聖者的非營利組織——感謝你們做的一切工作。我為了做出自己的貢獻，承諾將本書版稅十分之一捐給聖雅各之路美國朝聖者，這是一家致力於這項使命的非營利組織。

給來自世界各地的朝聖者同伴，你們好心分享自己的聖雅各之路朝聖故事，幫我完成本書：來自南非的阿黛爾（Adel）、來自法國的艾朗（Alain）、來自澳洲的阿藍、來自美國的安荻、來自丹麥的安婭（Anja）、來自德國的安雅（Anja）、來自澳洲的安、來自義大利的安東娜拉（Antonella）、來自澳洲的阿蜜奈兒、來自加拿大的比爾、來自愛爾蘭的C.、來自比利時的卡爾（Carl）、來自德國的卡門（Carmen）、來自美國的卡蘿、來自加拿大的克利斯（Chris）、來自美國的克里斯、來自美國的克莉絲塔（Christa）、來自英國的克里斯多夫（Christopher）、來自美國的克里斯托弗、來自愛爾蘭的康姆（Colm）、來自西班牙的丹尼爾（Daniel）、來自西班牙的唐納、來自美國的戴夫、來自澳洲的黛比、來自美國的迪爾德麗（Deirdre）、來自蘇格蘭的德瑞克、來自愛爾蘭的朵蘿樂絲（Dolores）、來自美國的埃德納（Edna）、來自美國的艾琳（Eileen）、來自英國的愛玲（Eileen）、來自美國的艾里克、來自英國的弗麗西蒂（Felicity）、來自義大利的法蘭契絲卡（Francesca）、來自澳洲的蓋兒（Gail）、來自愛爾蘭的潔瑪（Gemma）、來自澳洲的葛麗（Gerri）、來自美國的葛瑞絲（Grace）、來自比利時的漢斯、來自美國的婕琪、來自美國的傑姆斯（James）、來自美國的喬安、來自愛爾蘭的瓊（Joan）、來自美國的瓊安、來自美國的裘蒂、來自美國的強（John）、來自愛爾蘭的強恩（John）、來自荷蘭的約翰（John）、來自愛爾蘭的強納森、來自澳洲的茱迪絲（Judith）、來自紐西蘭的凱拉、來自美國的凱倫、來自美國的凱特、來自美國的凱絲琳（Kathleen）、來自美國的凱蒂（Katie）、來自比利時的肯尼斯（Kenneth）、來自加拿大的L.、來自澳洲的賴瑞、來自美國的黎雅、來自愛爾蘭的羅蘭（Lorraine）、來自英格蘭的麗莎、來自美國的馬可（Marc）、來自愛爾蘭的瑪莉安（Marianne）、來自德國的馬希歐（Mario）、來自美國的瑪麗安、來自美國的瑪麗珍、來自愛爾蘭的麥克、來自加拿大的米雪兒（Michelle）、愛爾蘭的歐伊海娜、來自捷克共和國的翁德雷（Ondrej）、來自美國的潘、來自美國的派屈克（Patrick）、來自紐西蘭的珍珠、來自荷蘭的彼特、來自德國的皮埃爾（Pierre）、來自紐西蘭的蘭（Raine）、來自加拿大的羅寶妲、來自南非的蘿絲、來自澳洲的蘿西、來自美國的珊迪、來自加拿大的薛娜（Shannon）、來自美國的雪莉（Shelley）、來自法國的蘇菲（Sophie）、來自德國的史黛芬妮（Stefanie）、來自英格蘭的史蒂芬、來自愛爾蘭的史帝夫、來自美國的史提夫（Steve）、來自美國的譚彌、來自加拿大的塔尼雅（Tania）、來自德國的ＴＣ、來自英格蘭的泰瑞、來自夏威夷的緹拉、來自美國的「德州」提姆、來自瑞典的蒂娜（Tina）、來自加州的托尼、來自英國的崔佛（Trevor）、來自加拿大的瓦樂麗、來自澳洲的溫蒂，以及來自荷蘭的韋南。讀過你們的故事後，我覺得自己彷彿在梅塞塔高原上見過你們每一個人了，而這些對話讓我們忘卻燥熱與水泡。謝謝你們和我分享一部分朝聖經驗。

給媽和爸——感謝你們所做的一切。

給緹娜（Tina）——妳的支持和鼓舞讓我變成更好的作者、更好的男人。

給普林思團隊（Team Prince）——你們幫忙做好準備，讓我能寫出這本我一直跟你們談論的書。

給我來自美國、英國、愛爾蘭、比利時、紐西蘭、瑞典、加拿大、德國和法國的聖雅各之路家人——你們和我分享自己的朝聖經驗。

給賈爾斯・安德森（Giles Anderson）——你是我最喜歡的作家經紀人。

給安・普林思（Anne Prince）——妳協助進行本書的研究工作。

給史提芬・波爾（Stephen S. Power）、提莫西・伯嘉德（Timothy Burgard），以及AMACOM 團隊——你們給我機會把本書做得盡善盡美。

給米蘭達・潘寧頓（Miranda Pennington）、菲爾・蓋斯奇爾（Phil Gaskill），以及Neuwirth and Associates 團隊——你們的編輯與製作成果非常出色。

給邁克・費廖洛——你教我如何把想法落實成書。

給印第安納波利斯美術館（Indianapolis Museum of Art）、印第安納波利斯中心（Indianapolis Art Center），以及卡爾斯塔德大學圖書館（Karlstads Universitets bibliotek）

——你們提供靈感豐富又適合工作的空間，讓我撰寫本書。

給夥伴們、四位好朋友、兄弟情誼、我們這一夥人——為我們多年以來與將延續至多年以後的友誼。

給我所有曾在某一刻問我「那本書」進展如何的朋友、家人、同事和鄰居——寫書是一段孤獨而未知的長途跋涉，沒有一定的完成日期，即使只是表示一點點興趣和支持，對我的意義都比你們以為的更多。

HEART
心|視野　心視野系列 040

一個領導者的朝聖之路：

步行跨越西班牙 30 天，學會受用 30 年的處事哲學，突破逆境，邁向目標

The Camino Way: Lessons in Leadership from a Walk Across Spain

作　　者　維克多．普林思（Victor Prince）
譯　　者　葉織茵、林麗雪
總 編 輯　何玉美
主　　編　林俊安
封面設計　FE 工作室
內文排版　黃雅芬

出版發行　采實文化事業股份有限公司
行銷企劃　陳佩宜．黃于庭．馮羿勳
業務發行　盧金城．張世明．林踏欣．林坤蓉．王貞玉
會計行政　王雅蕙．李韶婉
法律顧問　第一國際法律事務所　余淑杏律師
電子信箱　acme@acmebook.com.tw
采實官網　www.acmebook.com.tw
采實臉書　www.facebook.com/acmebook01

I S B N　978-957-8950-60-3
定　　價　350 元
初版一刷　2018 年 10 月
劃撥帳號　50148859
劃撥戶名　采實文化事業股份有限公司
104 臺北市中山區建國北路二段 92 號 9 樓
電話：(02)2518-5198
傳真：(02)2518-2098

國家圖書館出版品預行編目資料

一個領導者的朝聖之路：步行跨越西班牙 30 天，學會受用 30 年的處事哲學，突破逆境，邁向目標 / 維克多．普林思（Victor Prince）著；葉織茵、林麗雪譯 .– 臺北市：采實文化，2018.10
272 面；14.8×21 公分 .--（心視野系列；40）
譯自：The Camino Way: Lessons in Leadership from a Walk Across Spain

ISBN 978-957-8950-60-3（平裝）

1. 領導

494.02　　107014215

采實出版集團
ACME PUBLISHING GROUP

HEART
心|視野

HEART
心|視野